标识性建筑

BIAOSHIXING
JIANZHU
SANWEI
FANGZHEN
XUNI
XIANSHI

三维仿真虚拟现实

高颖　王川　贾泽慧　滕云鹤　赵嘉琪　著

图书在版编目（CIP）数据

标识性建筑三维仿真虚拟现实 / 高颖等著 . -- 天津 : 天津大学出版社 , 2022.12
ISBN 978-7-5618-7348-9

I. ①标… II. ①高… III. ①建筑设计 – 计算机辅助设计 – 虚拟现实 – 研究 IV. ① TU201.4

中国版本图书馆 CIP 数据核字 (2022) 第 220936 号

BIAOSHIXING JIANZHU SANWEI FANGZHEN XUNI XIANSHI

本书为天津市高等学校人文社会科学研究项目 ——“三维仿真虚拟现实对天津市标识性建筑传承的研究”成果，项目编号：2018SK106

出版发行　天津大学出版社
地　　址　天津市卫津路 92 号天津大学内（邮编：300072）
电　　话　发行部：022-27403647
网　　址　publish.tju.edu.cn
印　　刷　北京盛通印刷股份有限公司
经　　销　全国各地新华书店
开　　本　787 mm × 1092 mm　1/16
印　　张　9.5
字　　数　202 千
版　　次　2022 年 12 月第 1 次
印　　刷　2022 年 12 月第 1 次
定　　价　49.80 元

引 言 Foreword

天津历史风貌标识性建筑景观的保护是一个长期工作，需要不断注入新的活力使其焕发出时代精神。天津坐拥丰厚的历史积淀遗产，在新世纪发展的机遇下，保护好这些资源使之成为城市鲜明的名片，在此基础上进行城市经济发展才会有价值，才能使文化遗产成为城市发展的资本。

21 世纪是数字化的世纪，随着各种软硬件的不断发展、各种终端类型的不断丰富、5G 网络传输速度的不断提升，新技术已经为我们提供了一种新的网络空间类型——虚拟现实空间。虚拟现实空间不仅可以被应用于教育、游戏等领域，如今更是成为建筑遗产保护、文旅融合等的一种新手段。传统的旅游模式虽然历史悠久，但所产生的环境污染、资源过度开发等问题，一直无法得到很好的解决。现今，通过虚拟现实技术，人们足不出户就可以身临其境地进行旅游体验。虚拟旅游还可以让使用者体验虚拟导游、景点介绍、线上线下联动等功能，成为一种全新的旅游形式。

针对具有独特旅游价值的历史风貌建筑，对其开发虚拟数字化资源，不仅可以通过网络进行建筑展示及历史场景复原，还可以通过虚拟数字化，使更多的人了解历史风貌标识性建筑，了解它背后的人和故事。因此，建筑虚拟数字化，对研究近代历史文化和城市建筑风貌、开发红色旅游教育资源等具有极大的实践价值和现实意义。

尽早将风貌建筑进行虚拟现实技术处理，利用现有照片、图纸等资源进行三维数字信息档案的建立，能够为巡查、监管、保护、游览等活动提供极大的便利条件，更可以填补相关技术领域的空白，实现天津历史风貌建筑遗产保护新的技术突破。同时，以点带面，通过将新的技术手段扩展到旅游、文物展示、城市建设、旧物改造等相关领域，进而向全国推广建筑虚拟数字化技术，提升天津城市文化软实力。

前　言　Preface

天津是我国近代与西方文化广泛融合的城市，形成了特有的建筑形式与符号语言。作为国家级历史文化名城，天津拥有大量的具有较高研究价值的标志性历史风貌建筑，这些建筑不但汇聚了丰富的建筑形式和风格特点，而且凝结成天津城市的历史文脉，更是中国近现代历史的重要篇章，在世界建筑之林中形成了鲜明的艺术文化特色。

随着城市改造速度的加快，个别风貌建筑被破坏或拆除，有些在使用过程中被局部改造和翻新，造成了历史文脉的割裂和集体记忆的断档。最新数据显示，天津已确定的历史风貌建筑共有 877 幢，合计约 126 万平方米。保护好每一栋小洋楼，就是留住一段历史，也是在留住城市空间的象征性标志。以标识性的小洋楼及其独有的建筑语汇讲述好天津故事，将小洋楼的建筑精神融入我们今天的城市意象之中，对这些建筑进行行之有效的保护和合理的使用已经成为摆在天津城市发展面前的一道重要课题。

随着近年来科技水平的提高，虚拟现实（VR，Virtual Reality）技术已经有了长足的进步，基于图形、图像、视觉、特效等的先进软件、硬件技术如雨后春笋般出现在大众视野当中，并随着科技的普及逐渐融入百姓的日常生活中。这为虚拟现实技术在再现、复原与保护现有历史风貌建筑中的应用提供了有利条件。

本书希望探索出在当代最新科技的支撑下，以创建数字三维建筑模型的方式，结合虚拟现实手段，实现对天津市典型历史风貌建筑保护的实际办法，将文化和建筑艺术保护相关联，把文化遗产用活用实，以期推动天津城市建设的发展，解读天津城市文化定位，宣扬天津人文内涵，提高文化软实力和城市竞争力。

在此感谢刘芬妍、周珊羽、周鹏、茹怡菲、范如画、冀清华、赵丽颖、高向天、滕云鹤、赵嘉琪、高琦娴、刘岱松、谢小童、王焕然几位同学为本书的插图绘制、版面设计等做的大量工作。

目 录 Contents

第一章
天津市解放北路“银行街”（营口道至大同道）漫游

本章主要讲述如何运用Sketchup（草图大师）三维建模软件，进行城市街道景观的漫游动画虚拟再现。内容主要包括：原中央银行、原华俄道胜银行、原汇丰银行、原横滨正金银行，以及“银行街”街道景观的数字模型创建、漫游动画设置与视频文件输出。

第一节　项目概况

一、项目简介

此项目范围是天津市解放北路“银行街”（营口道至大同道）区域，如图1-1-1所示。主要涉及原中央银行、原华俄道胜银行、原横滨正金银行和原汇丰银行这四幢天津市历史风貌建筑，如图1-1-2所示。

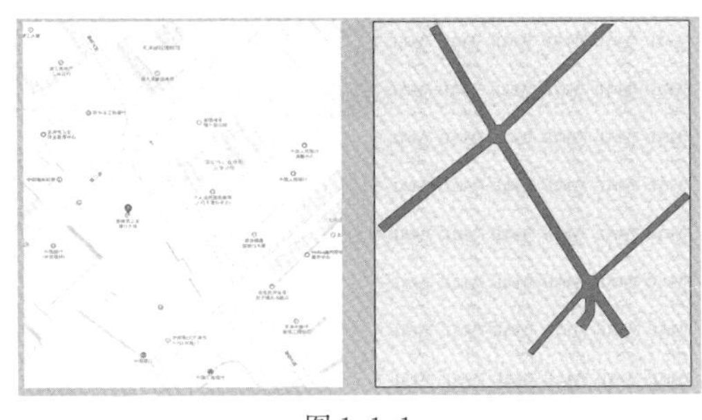

图1-1-1

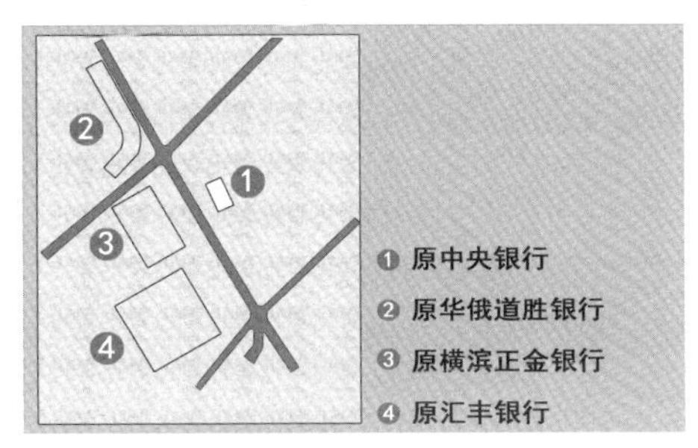

图1-1-2

二、天津市解放北路“银行街”

天津被开辟为通商口岸后，西方列强纷纷在天津设立租界，由此开始的军事、教育、司法近代化，以及铁路、电报、电话、邮政、矿业等建设均开全国之先河，天津成为当时中国第二人工商业城市和北方最大的金融商贸中心。

1882年，英国汇丰银行率先在英租界维多利亚道（今解放北路84号）破土兴建，俄、日、法等国紧随其后，先后开设了华俄道胜银行、横滨正金银行、中法工商银行等，天津逐渐成为外国银行的集中地，一幢幢豪华的洋楼象征着外国金融资本在天津增长。规模宏大的金融建筑主要集中在解放北路一带，所以解放北路当时被称为“东方的华尔街”。这些银行资金雄厚，曾经掌控着天津市甚至中国北方的经济命脉。20 世纪 40 年代，天津解放北路拥有国内外银行 49 家，著名的有汇丰银行、麦加利银行、花旗银行、横滨正金银行、华俄道胜银行、东方汇理银行、中法工商银行、盐业银行、大陆银行、金城银行、东莱银行等。这些建筑造价不菲，极尽奢华，外部雄伟壮观，内部精美华丽，装饰豪华精致，充分体现了建筑的金融气质。

（一）原中央银行

原中央银行大楼建于 1926 年，位于天津市和平区解放北路 117 至 119 号，占地面积约 2400m^2，建筑面积约 3100m^2，由中国建筑师沈理源设计，如图 1-1-3 所示。原中央银行大楼是一座带半地下室的三层混合结构楼房，外檐用 4 根爱奥尼克石柱和 2 根方柱构成对称式立面，该建筑入口设于立面中央。整体建筑造型庄重大方，布局严谨，室内装修华丽考究，具有古典复兴主义建筑特征。

（二）原华俄道胜银行

原华俄道胜银行大楼建于 1900 年，位于天津市和平区解放北路 121 号，占地面积约 700m^2，建筑面积约 2900m^2，为二层砖木结构楼房。建筑外檐墙面以黄色面砖装饰，并有券形窗口、饰有人字形山花的平窗、弧形转角及盝顶。室内装修讲究，大量精美木饰保存完好。该建筑是一座具有浓郁俄罗斯风格的古典主义建筑，如图 1-1-4 所示。

图 1-1-3

图 1-1-4

（三）原汇丰银行

原汇丰银行大楼建于 1925 年，位于天津市和平区解放北路 88 号，由英商爱迪克生和道拉斯（同和）工程司设计，分主楼和后楼，占地面积约 2900m^2，总建筑面积约 4300m^2。大楼外观采用古典复兴三段形式联合新古典主义的横纵三段式划分，显得肃穆、庄严。

主楼两线脚石砌基座，并没有高台阶，外墙以花岗石饰面。东面（临解放北路）入口处为两侧对称布置 4 根高大的爱奥尼克柱，有重檐形檐口，两侧旁门有 2 根塔司干式圆柱承托冰盘檐形门罩。南面（临大同道）入口处为花饰铜大门，有 8 根爱奥尼克柱构成柱廊，如图 1-1-5 所示。

主楼建筑内部首层是 670m^2 的营业厅，厅内对称布置 4 根高大的爱奥尼克柱，周围为券柱式构造，柜台外为大理石地面，柜台内铺软木地板。屋顶中央为井字梁屋盖，上铺钢丝网玻璃。

（四）原横滨正金银行

原横滨正金银行大楼建于 1926 年，位于天津市和平区解放北路 80 号，占地面积约 2700m^2，建筑面积约 5000m^2，由英商爱迪克生和道拉斯（同和）工程司设计。该建筑是典型的古典主义风格建筑，为二层混合结构楼房，有石材墙面，建筑造型稳重而华丽，外檐建有由 8 根科林斯柱构成的开敞柱廊，并建有玻璃顶和回廊，如图 1-1-6 所示。

图 1-1-5

图 1-1-6

第二节　原中央银行模型创建

首先，为避免卡顿，建模时将模型单位设定为厘米，实际建筑尺寸为模型的 10 倍。

1）打开 Sketchup 软件，导入原中央银行 CAD 图纸，如图 1-2-1 所示。

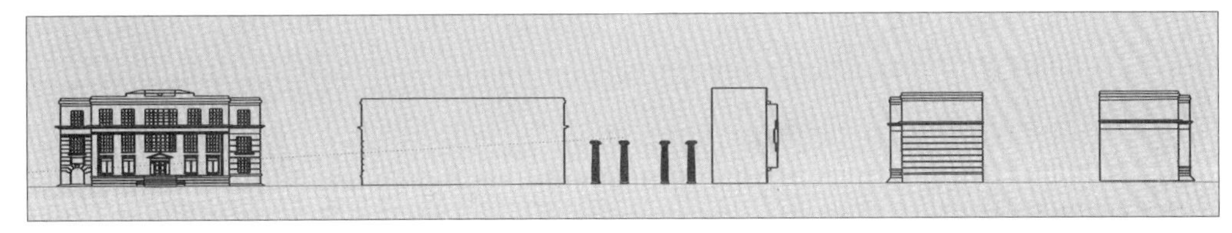

图 1-2-1

2）将不同平面和立面的 CAD 图纸分别放入不同图层，以避免后续建模时发生混乱。

（1）在“图层”面板中可以添加或删除图层，双击图层即可改变图层名称，如图1-2-2所示。

（2）选中北立面图，单击鼠标右键查看“模型信息”，如图1-2-3所示。

（3）更改北立面图的所在图层，如图1-2-4所示。

（4）按照上述步骤将建筑的平面图、北立面图、南立面图、东立面图、西立面图和罗马柱这6个图纸分好图层。

图 1-2-2

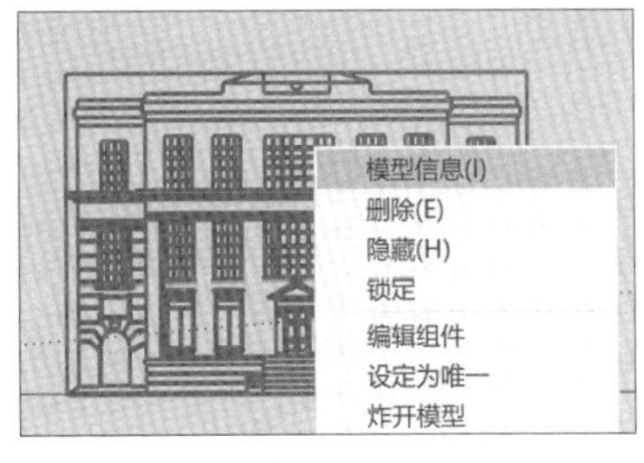

图 1-2-3

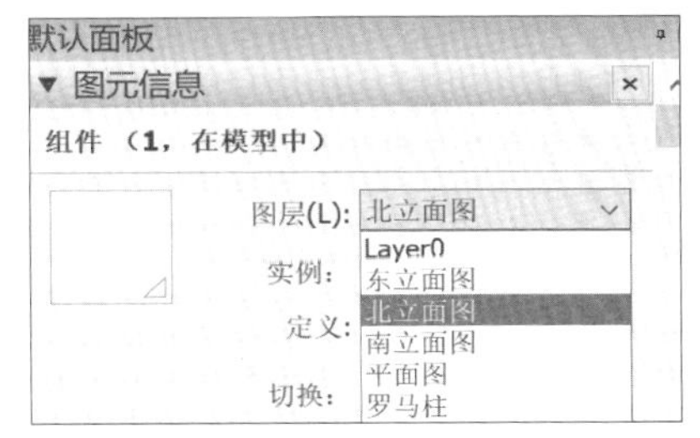

图 1-2-4

3）创建平面。

（1）隐藏其他图层，留下“平面图”图层，使用大工具栏中的工具，将平面图移动至原点，如图1-2-5所示。

（2）使用大工具栏中的工具，拉出平面，对CAD图纸进行封面，如图1-2-6所示。

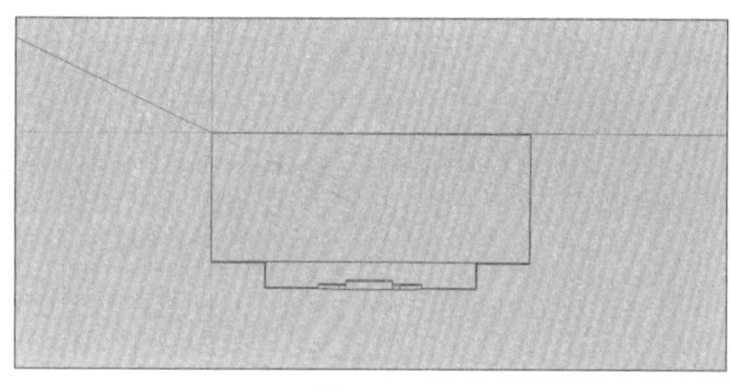

图 1-2-5

图 1-2-6

（3）使用大工具栏中的工具，对平面进行推拉，形成原中央银行模型的大体轮廓，如图1-2-7所示。参数设置如图1-2-8所示。

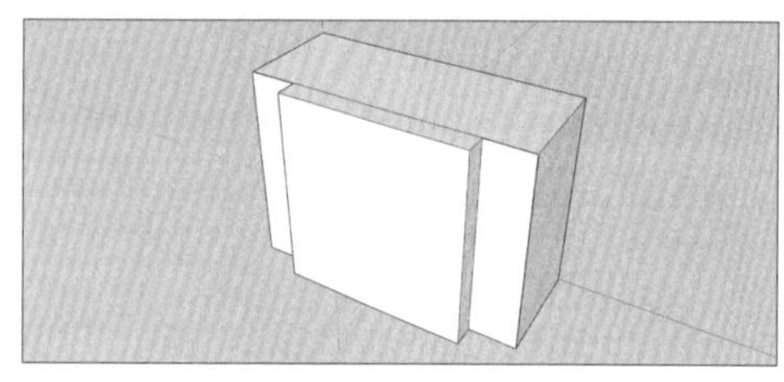

图 1-2-7

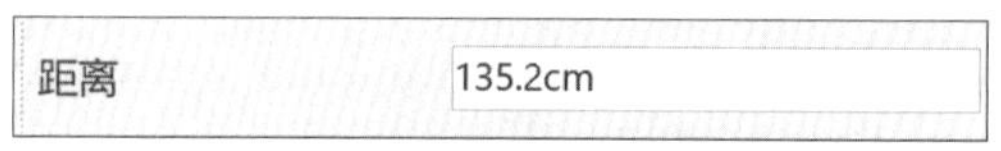

图 1-2-8

4）创建立面。

（1）取消隐藏其他面CAD图纸,如图1-2-9所示。

（2）全选所有立面图纸，使用大工具栏中的，将其旋转到垂直方向，如图1-2-10所示。

（3）使用大工具栏中的工具，将北立面与模型对齐，如图1-2-11所示。

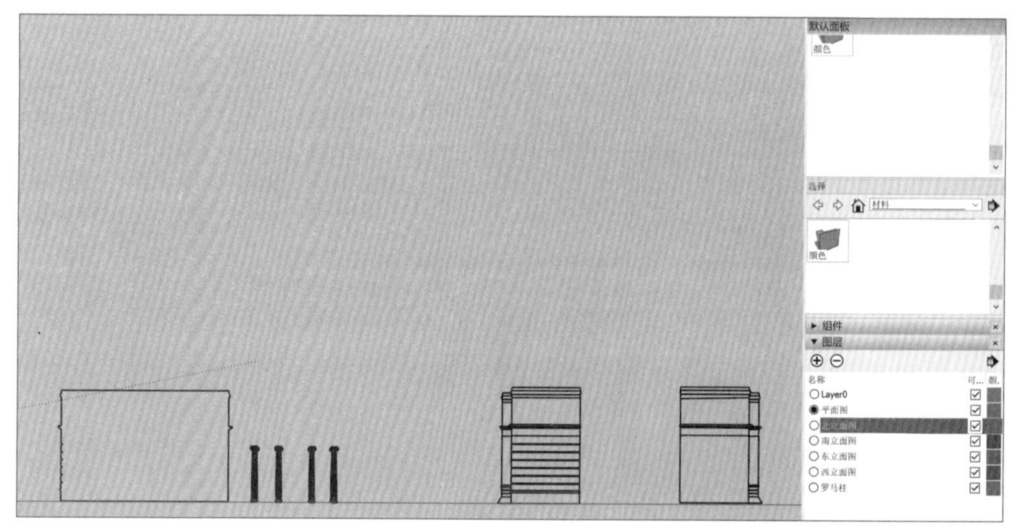

图 1-2-9

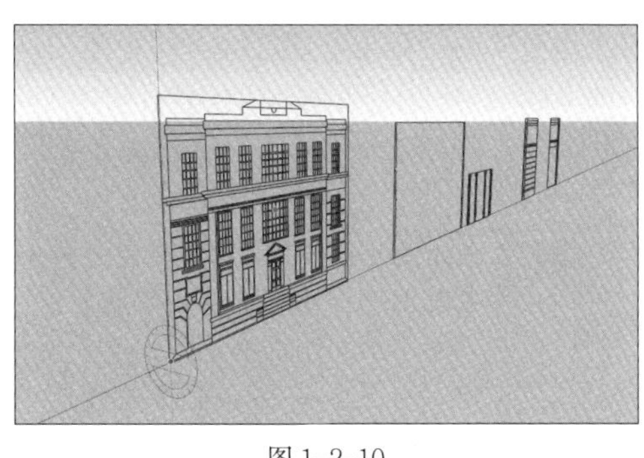

图 1-2-10

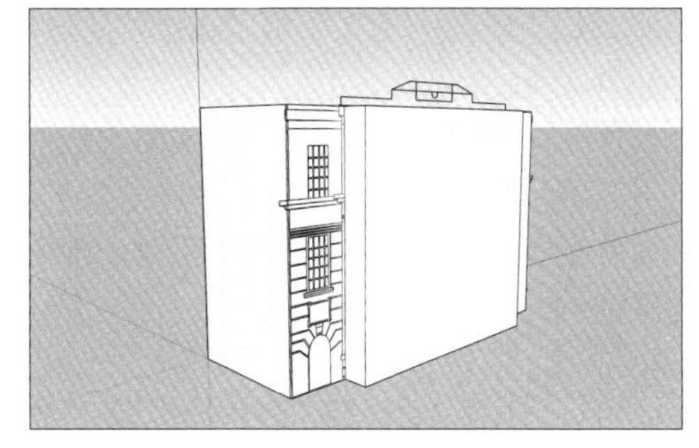

图 1-2-11

5）调整模型外轮廓。

（1）根据北立面图对模型外轮廓进行修改，使用大工具栏中的工具，拉出平面，对CAD图纸进行封面，并删除多余面，如图1-2-12所示。

（2）使用大工具栏中的，对选中的平面进行推拉，挤出厚度，如图1-2-13所示。参数设置如图1-2-14所示。

（3）选择各个立面图，综合使用大工具栏中的及工具将各个立面与模型对齐，如图1-2-15所示。

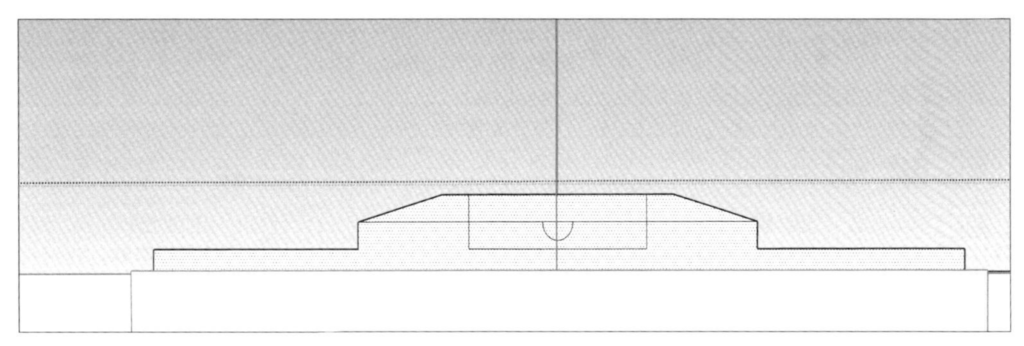

图 1-2-12

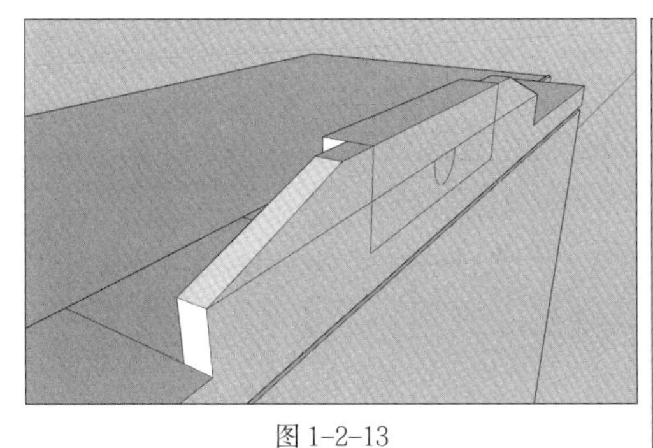

图 1-2-13

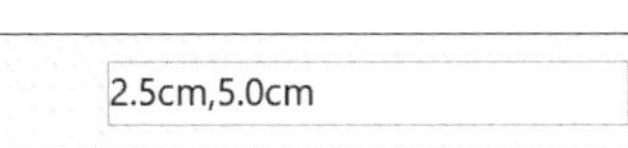

图 1-2-14

图 1-2-15

6）对窗户进行建模。

（1）三连击鼠标左键，全选模型，单击鼠标右键，执行“创建群组”命令，如图1-2-16所示。

（2）单击窗口左上方的“相机”选项，选择“相机”→“标准视图”→“前视图”，如图1-2-17所示。

（3）使用大工具栏中的工具，按照CAD图纸中窗户的轮廓绘制窗户的造型，如图1-2-18所示。

（4）使用大工具栏中的工具，推拉出窗户的厚度，如图1-2-19所示。参数设置如图1-2-20所示。

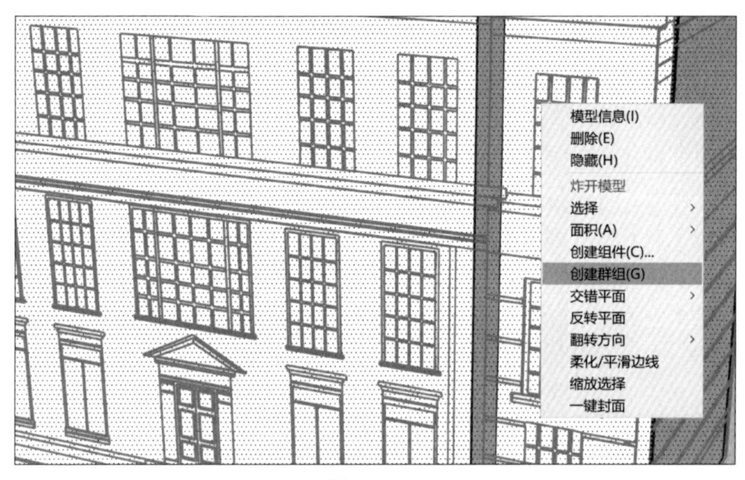

图 1-2-16

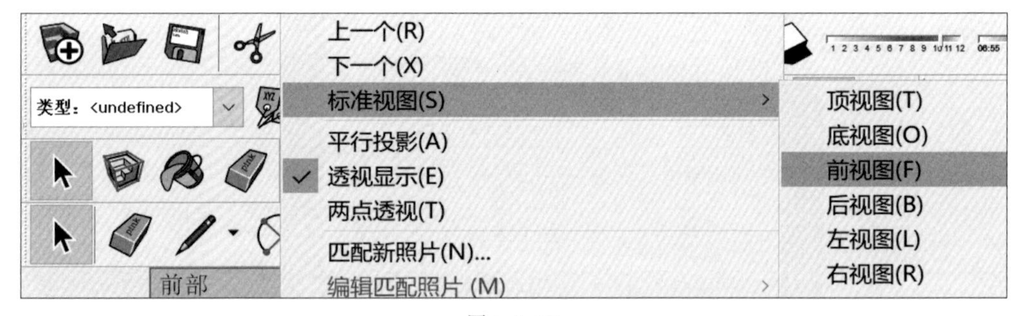

图 1-2-17

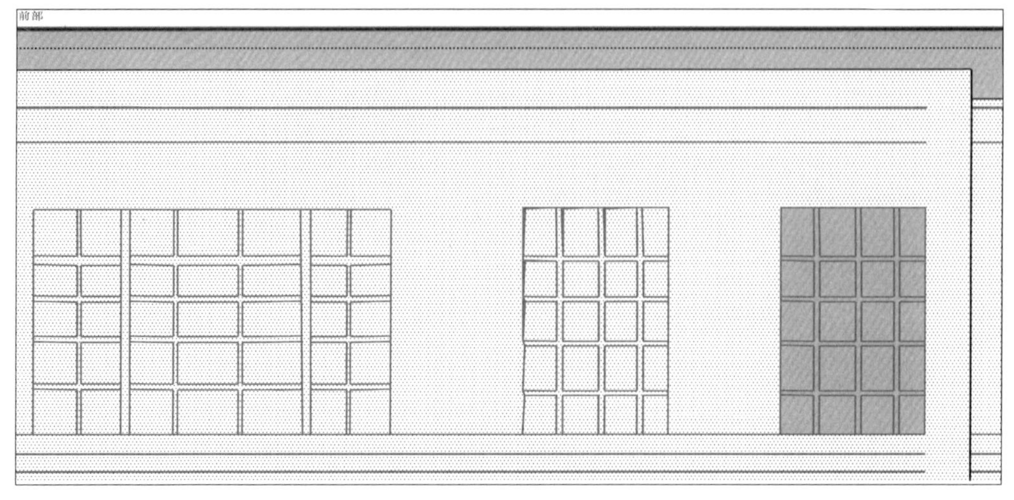

图 1-2-18

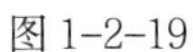

图 1-2-19

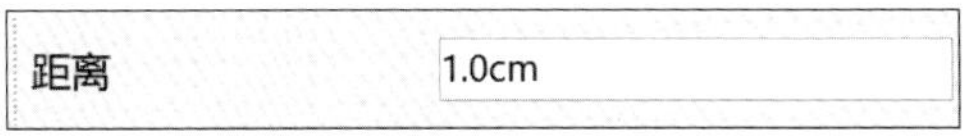

距离　1.0cm

图 1-2-20

（5）使用大工具栏中的工具，赋予窗户材质，如图1-2-21所示。

（6）对窗户进行分缝，如图1-2-22所示。

（7）将窗户创建组件，避免与模型其他部分粘连，如图1-2-23所示。

（8）使用大工具栏中的，按照窗户横向分缝线建立横向窗棂，如图1-2-24所示。参数设置如图1-2-25所示。

（9）使用大工具栏中的工具，推拉出窗棂的厚度，如图1-2-26所示。参数设置如图1-2-27所示。

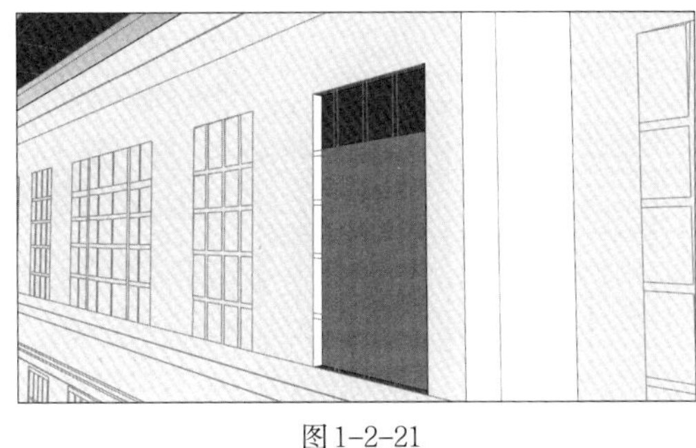

图 1-2-21

图 1-2-22

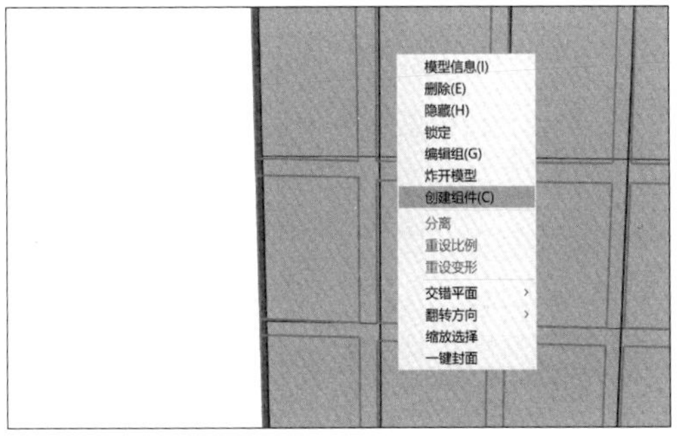

图 1-2-23

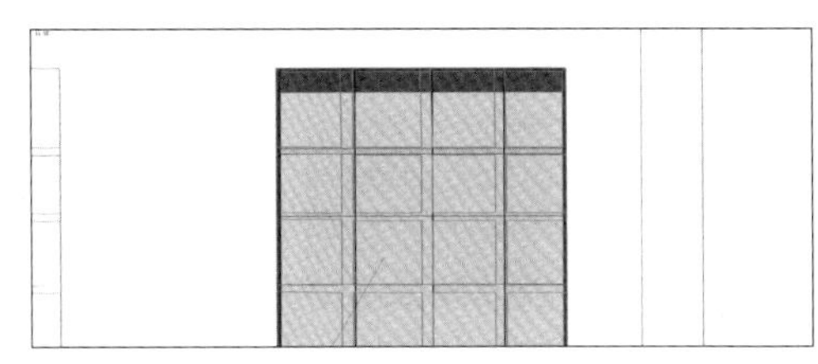

图 1-2-24

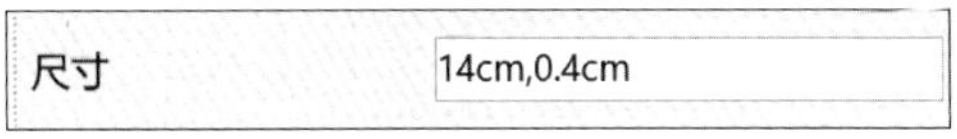

尺寸　14cm,0.4cm

图 1-2-25

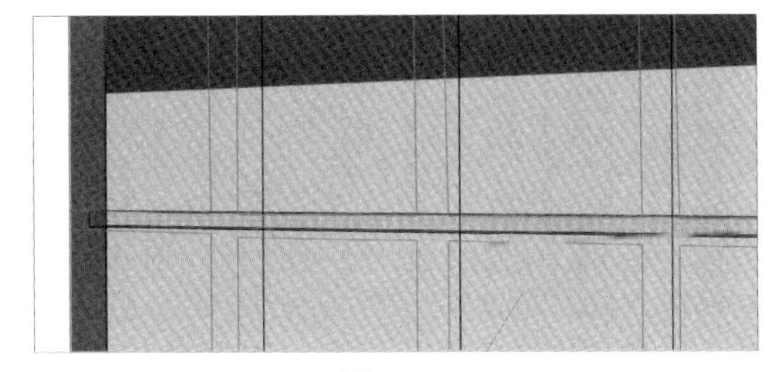

图 1-2-26

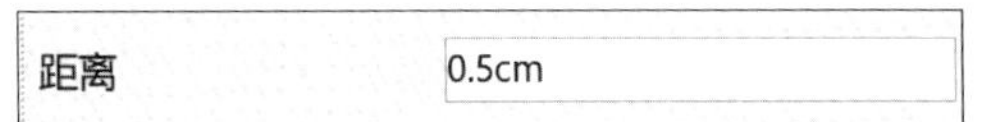

图 1-2-27

（10）用同样的方法建立竖向窗棂，如图1-2-28所示。尺寸参数设置如图1-2-29所示，厚度参数设置如图1-2-30所示。

（11）使用大工具栏中的工具，配合“Ctrl”键，对窗棂进行移动复制，建立成组，如图1-2-31所示。

（12）使用大工具栏中的工具，赋予窗棂材质，如图1-2-32所示。

（13）使用大工具栏中的工具，配合“Ctrl”键，对窗户进行移动复制，根据CAD图纸建立一组相同的窗户，如图1-2-33所示。

（14）双击鼠标左键进入组件，使用大工具栏中的工具，配合“Ctrl”键，根据CAD图纸变换其中点的位置，建立不同窗户，如图1-2-34所示。

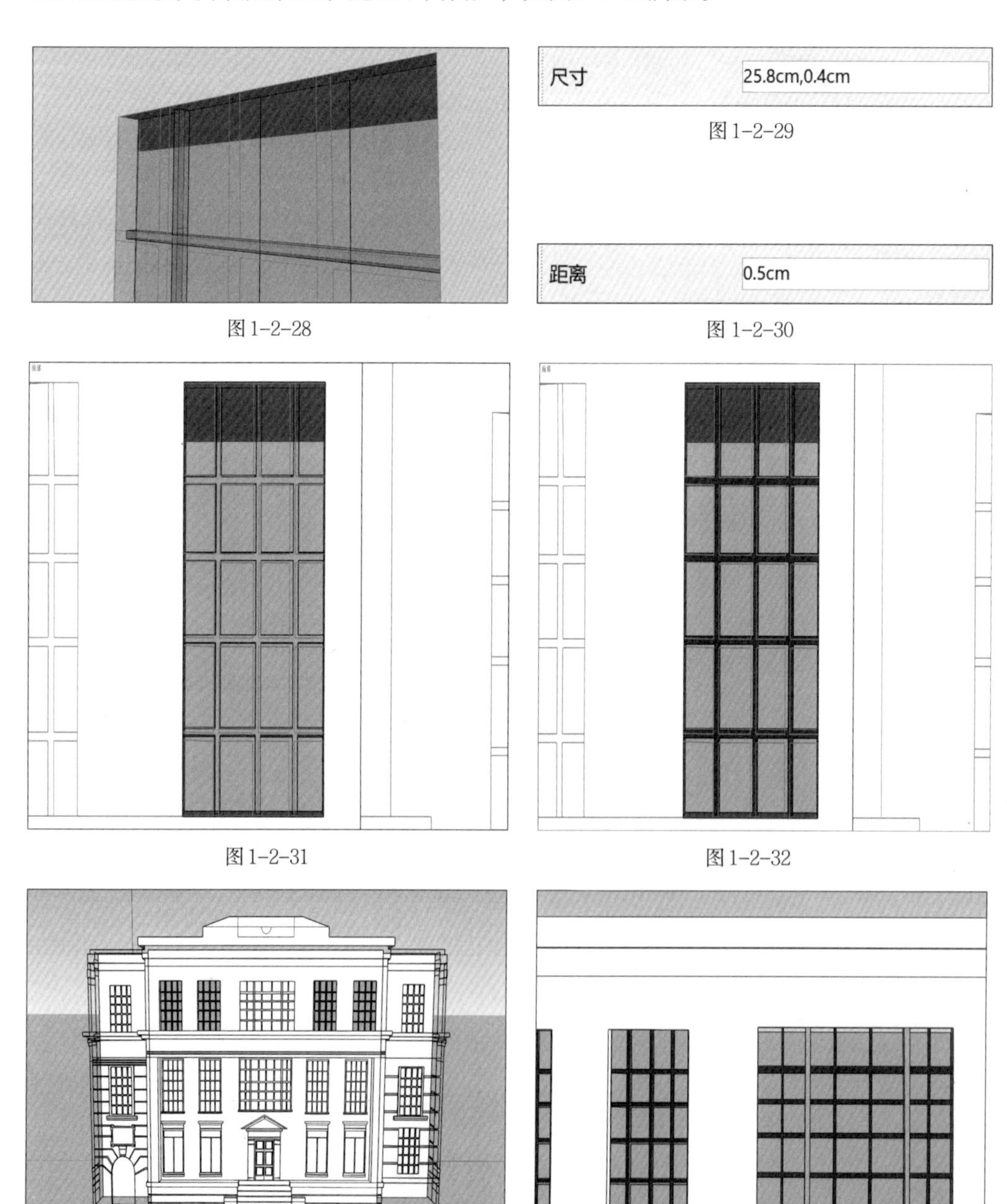

图1-2-28

图1-2-29

图1-2-30

图1-2-31

图1-2-32

图1-2-33

图1-2-34

（15）使用大工具栏中的工具，配合“Ctrl”键，复制建立出一组新的窗户，如图1-2-35所示。

（16）使用大工具栏中的，配合“Ctrl”键，变换其中点的位置，创建其余窗户，如图1-2-36所示。

图1-2-35

图1-2-36

（17）使用大工具栏中的工具，按照CAD图纸建立最下面的一排窗户，如图1-2-37所示。参数设置如图1-2-38所示。

（18）对窗户进行分缝，如图1-2-39所示。

（19）使用大工具栏中的，按照窗户横向及竖向的分缝线建立窗棂，如图1-2-40所示。横向参数设置如图1-2-41所示，纵向参数设置如图1-2-42所示。

（20）使用大工具栏中的工具，推拉出窗棂的厚度，如图1-2-43所示。参数设置如图1-2-44所示。

（21）使用大工具栏中的工具，赋予窗棂及玻璃材质，如图1-2-45所示。

（22）使用大工具栏中的工具，配合“Ctrl”键，复制建立一组窗户，如图1-2-46所示。

（23）将所有窗户选中建立群组，如图1-2-47所示。

图1-2-37

尺寸	23cm,12cm

图1-2-38

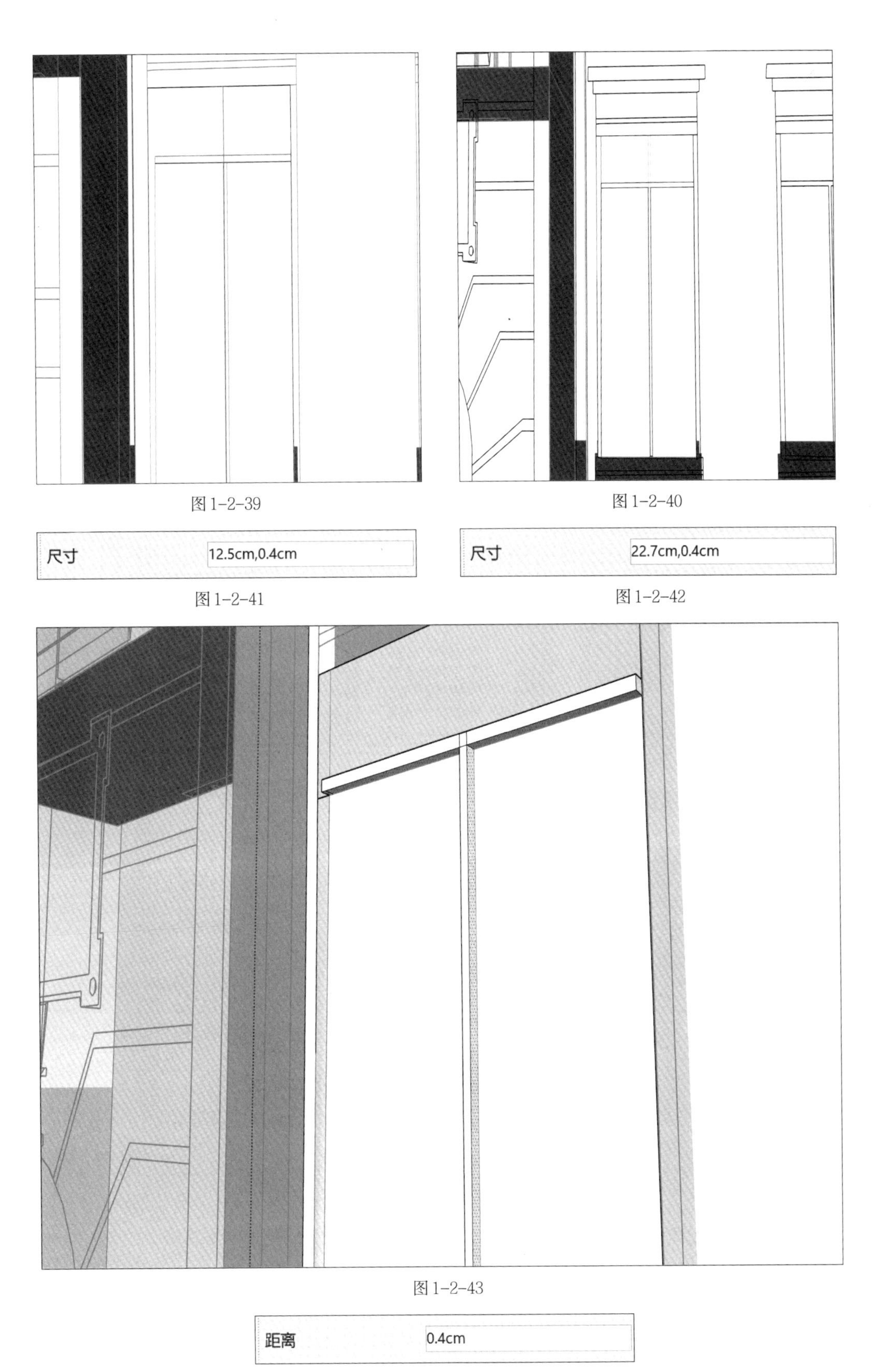

图 1-2-39

图 1-2-40

图 1-2-41

图 1-2-42

图 1-2-43

图 1-2-44

图1-2-45

图1-2-46

图1-2-47

7）对窗台进行建模。

（1）使用大工具栏中的工具,按照CAD图纸中窗台的轮廓对窗台进行封面，并删除多余面，如图1-2-48所示。

（2）使用大工具栏中的工具，推拉出窗台的厚度，如图1-2-49所示。

（3）使用大工具栏中的工具，配合“Ctrl”键，复制建立一组窗台。

图 1-2-48

图 1-2-49

8）对正门进行建模。

（1）使用大工具栏中的工具，按照CAD图纸中门的轮廓对门进行封面，并删除多余面，如图1-2-50所示。

（2）使用大工具栏中的工具，根据不同厚度对门的不同面进行推拉，如图1-2-51所示。

（3）使用大工具栏中的工具，根据不同厚度对门板的不同面进行推拉,如图1-2-52所示。

（4）使用大工具栏中的工具，赋予门框及门板材质,如图1-2-53所示。

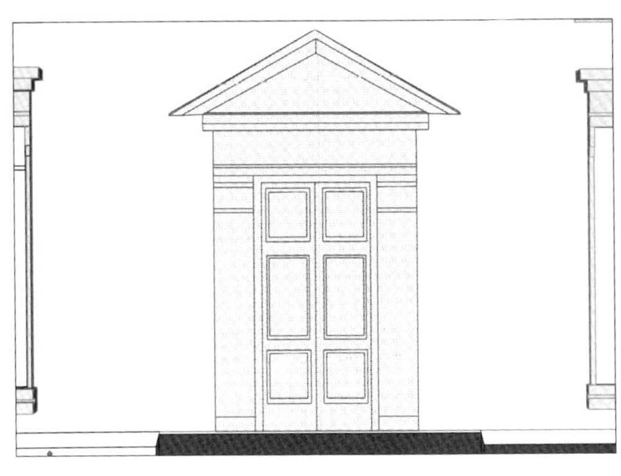
图 1-2-50

图 1-2-51

图 1-2-52

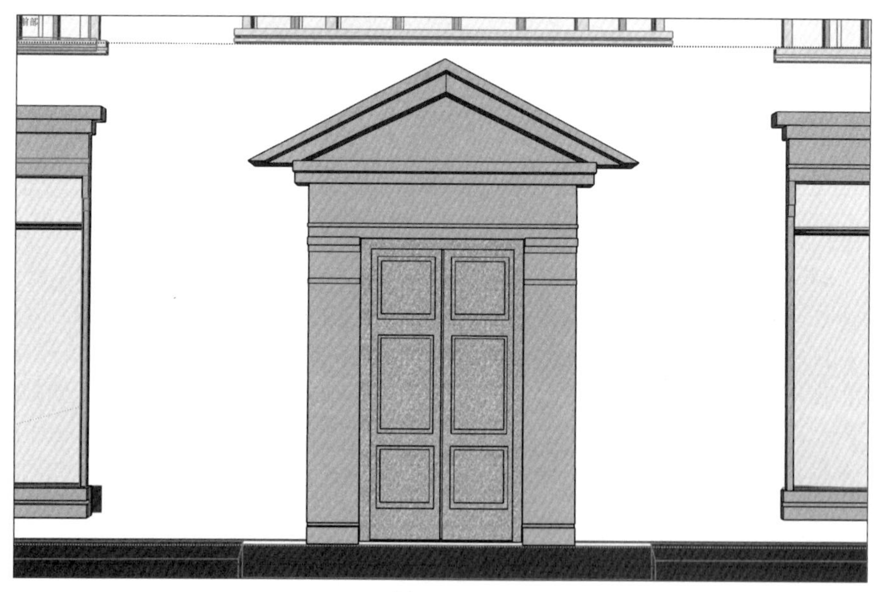

图 1-2-53

9）对旁门进行建模。

（1）使用大工具栏中的工具，按照CAD图纸中门上牌匾的轮廓,对牌匾进行封面，并删掉多余面,如图1-2-54所示。

（2）使用大工具栏中的工具，按照CAD图纸中门的轮廓,对门进行封面，并删掉多余面,如图1-2-55所示。

（3）使用大工具栏中的工具，根据不同厚度对牌匾的不同面进行推拉,如图1-2-56所示。

（4）使用大工具栏中的，根据不同厚度对门的不同面进行推拉,如图1-2-57所示。

至此，正门与旁门建模完成，如图 1-2-58 所示。

图 1-2-54

图 1-2-55

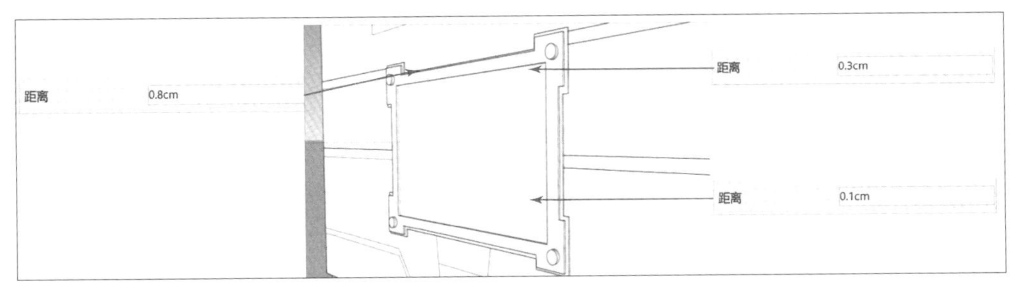

图 1-2-56

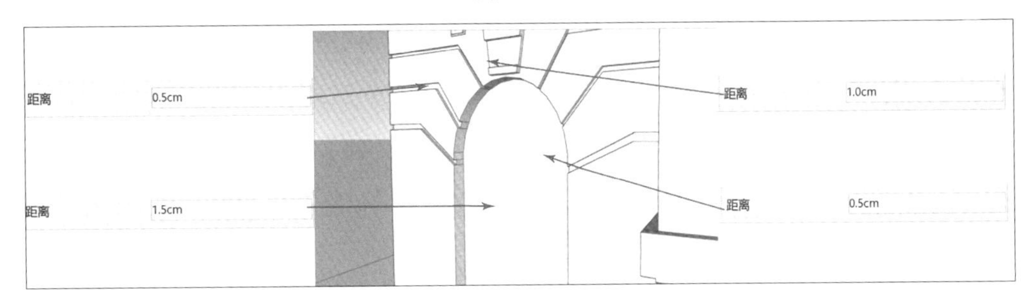

图 1-2-57

图 1-2-58

10）对台阶进行建模。

（1）使用大工具栏中的工具，按照CAD图纸中台阶的轮廓对台阶进行封面，并删除多余面，如图1-2-59所示。

（2）使用大工具栏中的，根据不同厚度对台阶不同面进行推拉，如图1-2-60所示。

图1-2-59

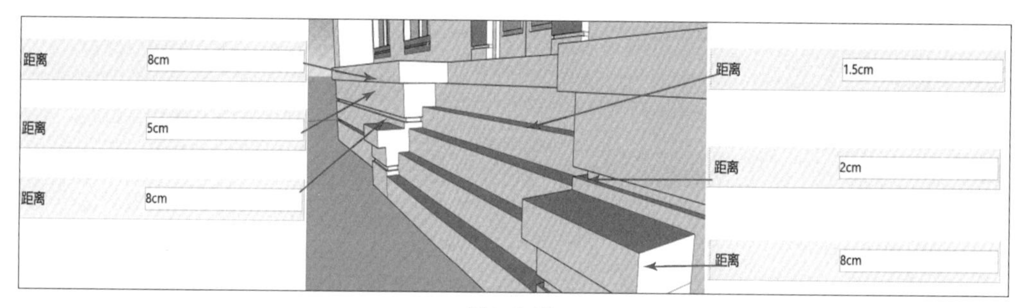

图1-2-60

11）对建筑墙体线脚进行建模。

（1）使用大工具栏中的工具，按照CAD图纸中线脚的轮廓对墙体线脚进行封面，并删除多余面，如图1-2-61所示。

（2）使用大工具栏中的，根据不同厚度对墙体线脚不同方向的面分别进行推拉，如图1-2-62所示。

（3）使用大工具栏中的，按照CAD图纸中线脚的轮廓对墙体其他线脚进行封面，并删除多余面，如图1-2-63所示。

（4）使用大工具栏中的工具,根据不同厚度对线脚不同方向的面分别进行推拉，如图1-2-64所示。

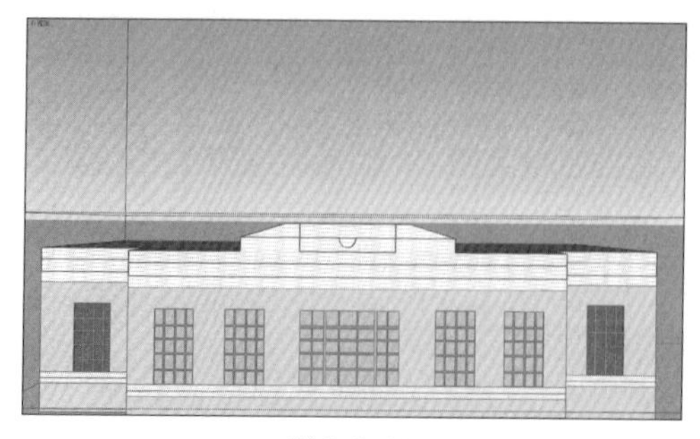

图1-2-61

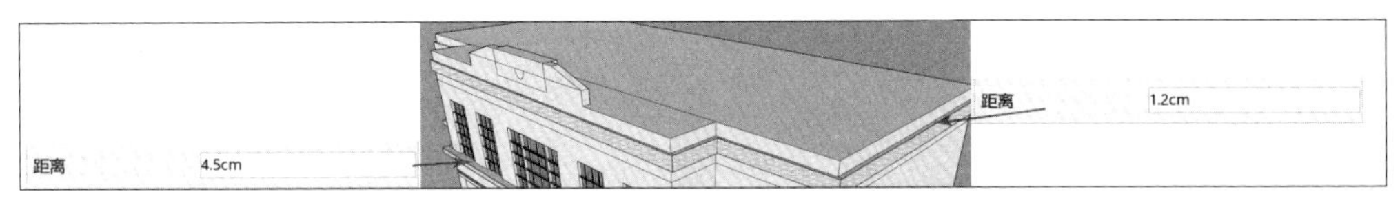

图 1-2-62

图 1-2-63

图 1-2-64

12）对罗马柱进行建模。

（1）使用大工具栏中的工具，建立罗马柱底面的圆，如图1-2-65所示。参数设置如图1-2-66所示。

（2）使用大工具栏中的，建立柱体高度，如图1-2-67所示。参数设置如图1-2-68所示。

（3）使用大工具栏中的，建立小矩形，并单击鼠标右键，执行“创建组件”命令，如图1-2-69所示。

（4）使用大工具栏中的工具，旋转得出其余矩形，如图1-2-70所示。

（5）三连击鼠标左键，进入组件，使用大工具栏中的工具，对矩形进行变形，如图1-2-71所示。

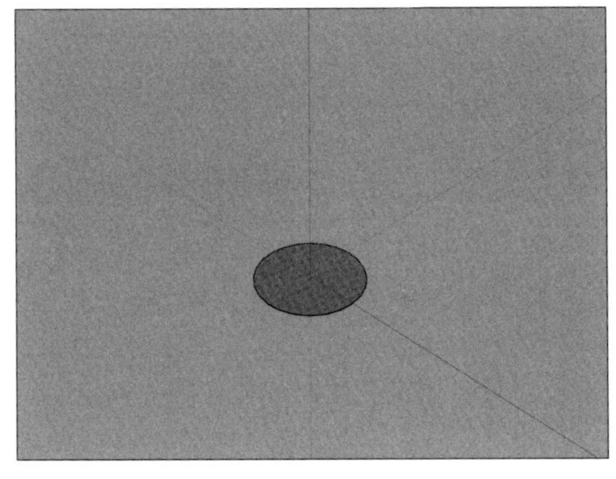
图 1-2-65

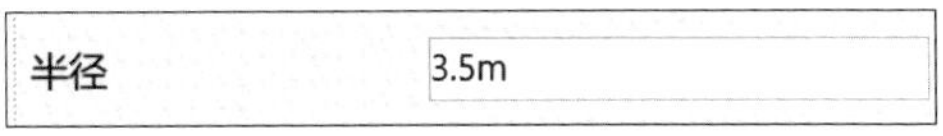

半径	3.5m

图 1-2-66

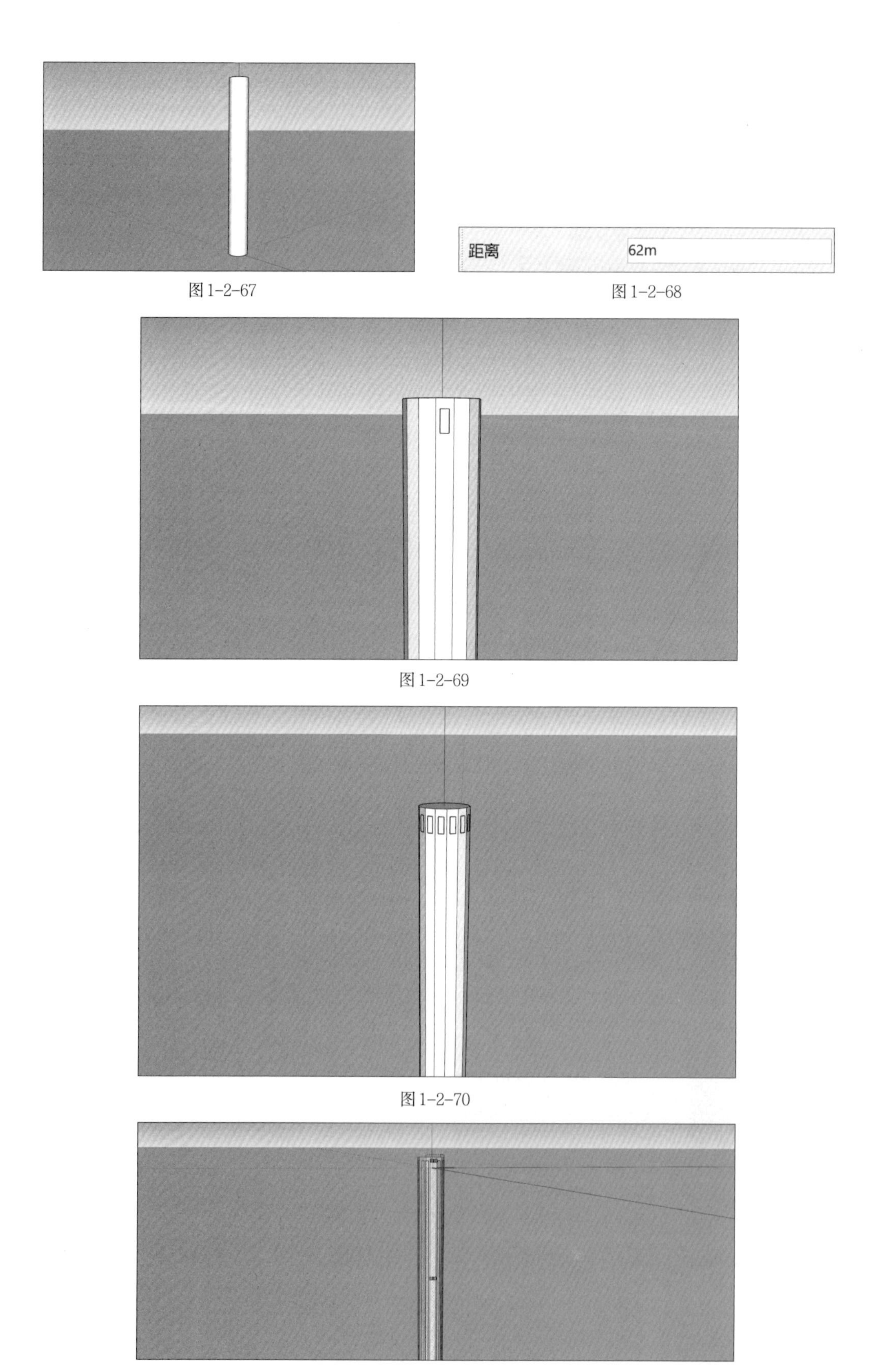

图1-2-67

图1-2-68

图1-2-69

图1-2-70

图1-2-71

（6）使用大工具栏中的工具，对矩形进行偏移，如图1-2-72所示。参数设置如图1-2-73所示。

（7）使用大工具栏中的工具，推拉出凹槽的厚度，如图1-2-74所示。参数设置如图1-2-75所示。

（8）使用大工具栏中的工具，在柱形上方绘制矩形，如图1-2-76所示。参数设置如图1-2-77所示。

（9）使用大工具栏中的工具，在矩形上绘制出柱头的曲线，如图1-2-78所示。

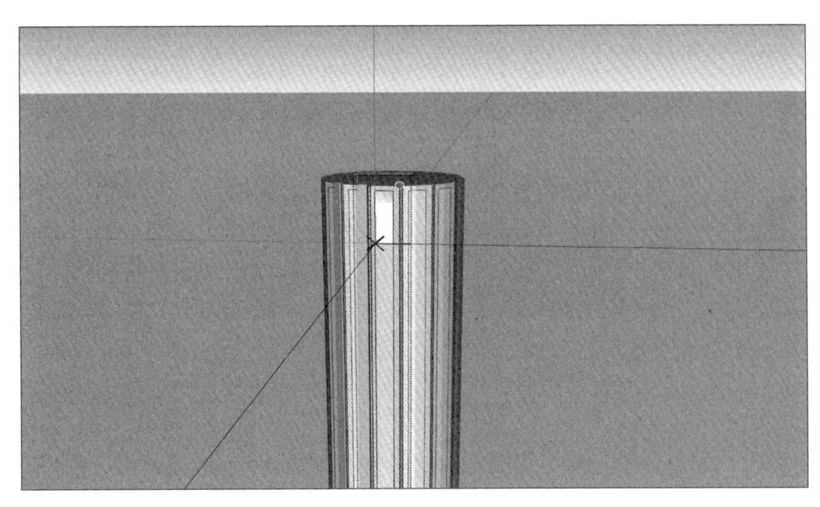

图1-2-72

图1-2-73

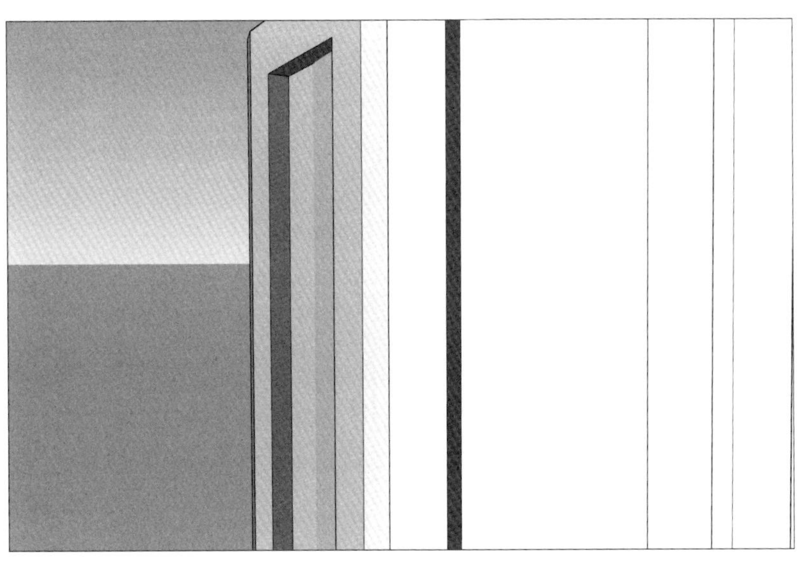

图1-2-74

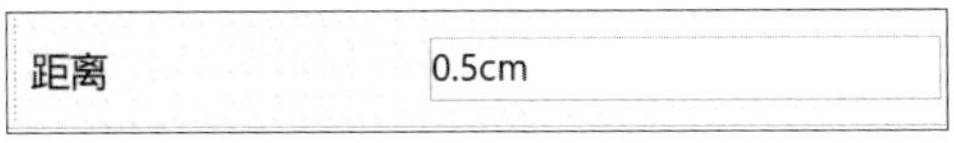

距离　0.5cm

图1-2-75

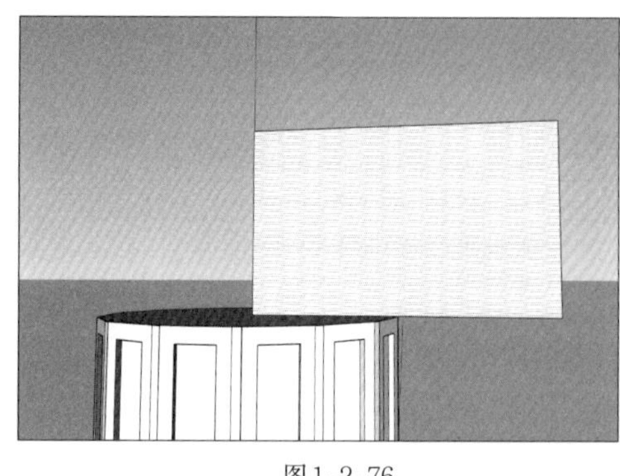
图1-2-76

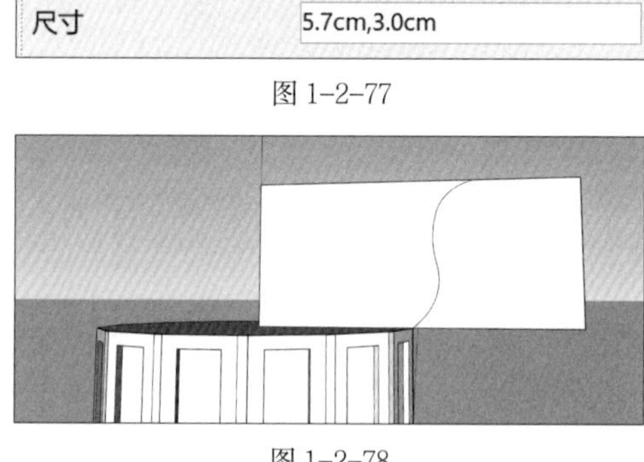

图1-2-77

图1-2-78

（10）使用大工具栏中的，选择圆的边线，单击柱头面，形成柱头，如图1-2-79和图1-2-80所示。

（11）使用大工具栏中的工具，推拉出柱头形状，如图1-2-81所示。

（12）鼠标左键三连击柱头，单击鼠标右键，执行“创建群组”，如图1-2-82所示。

（13）使用大工具栏中的工具，配合“Ctrl”键，复制建立柱基罗马柱，如图1-2-83所示。

（14）将柱子摆放至建筑物合适的位置，如图1-2-84所示。

（15）使用大工具栏中的工具，配合“Ctrl”键，复制形成一组罗马柱，如图1-2-85所示。

（16）使用大工具栏中的工具，赋予建筑材质。至此，原中央银行建模完成，如图1-2-86所示。

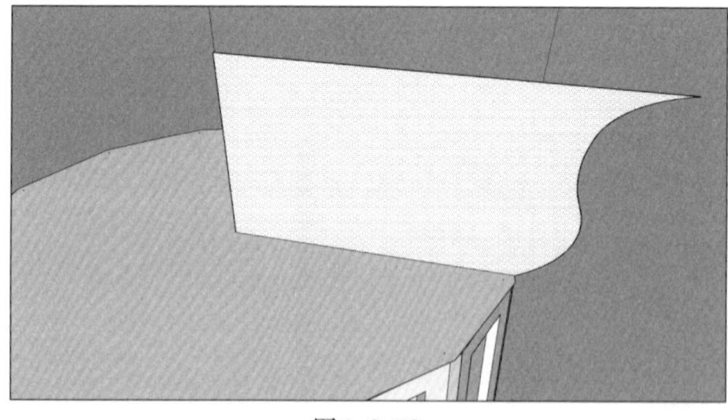
图1-2-79

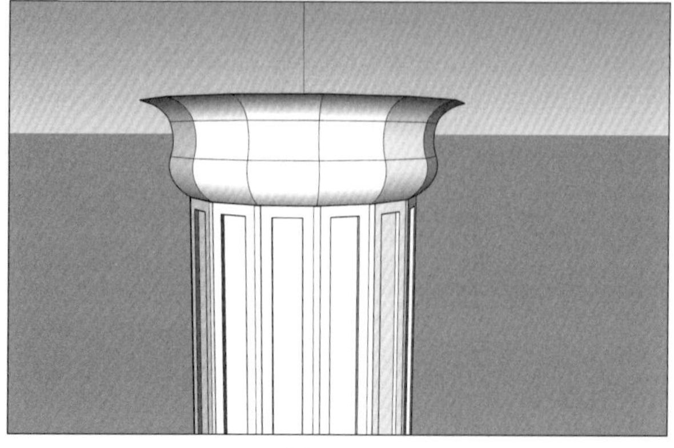
图1-2-80

图 1-2-81

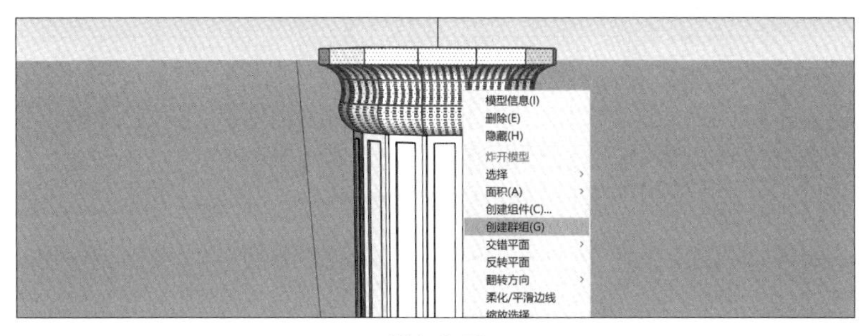

图 1-2-82

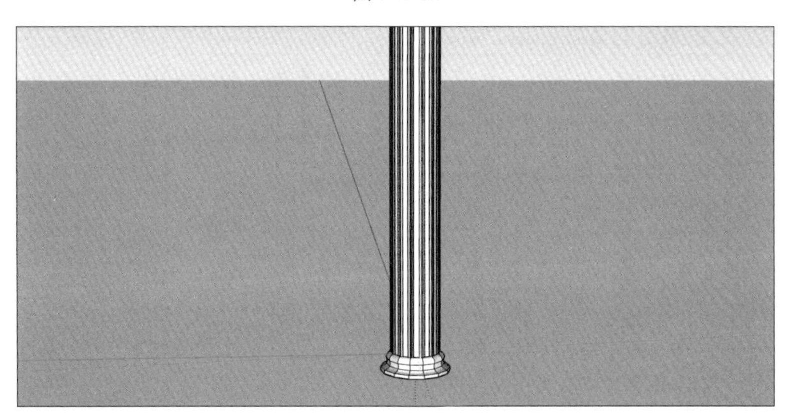

图 1-2-83

图 1-2-84

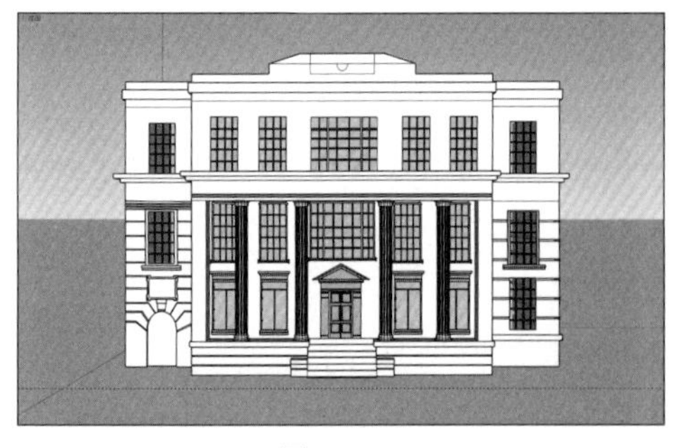

图 1-2-85

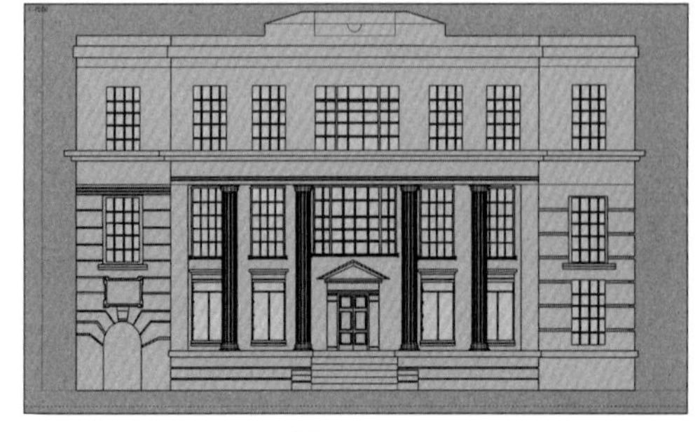

图 1-2-86

第三节 原华俄道胜银行模型创建

1）打开 sketchup 软件，导入原华俄道胜银行 CAD 图纸，如图 1-3-1 所示。

2）将不同平面和立面的 CAD 图纸分别放入不同图层，以避免后续建模时发生混乱。

（1）在“图层”面板中可以添加或删除图层，双击图层即可改变图层名称，如图1-3-2所示。

（2）选中北立面图，单击鼠标右键查看“模型信息”，如图1-3-3所示。

（3）更改北立面图的所在图层，如图1-3-4所示。

（4）按照上述步骤将平面图、北立面图、南立面图、东立面图、西立面图和罗马柱这6个图纸分好图层。

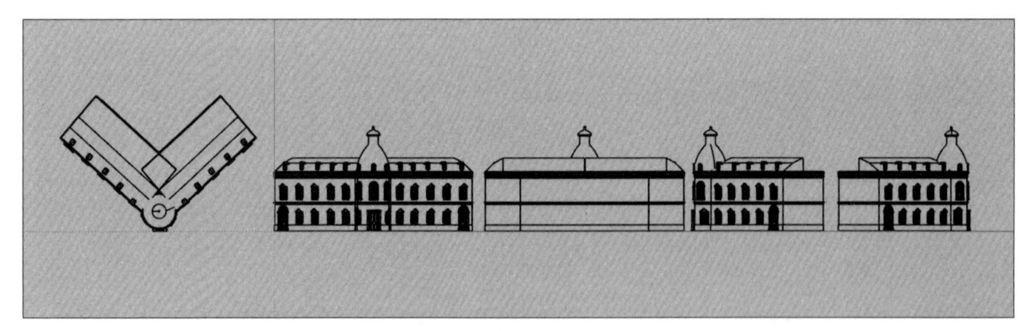

图 1-3-1

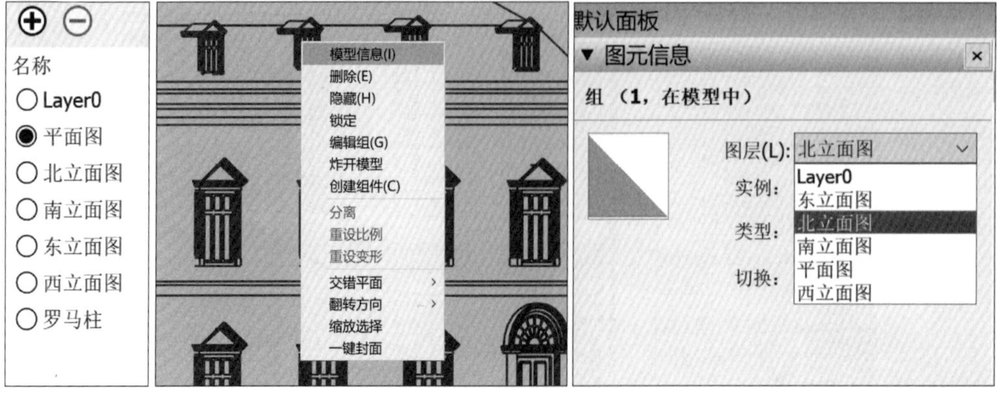

图 1-3-2　　图 1-3-3　　图 1-3-4

3）分析模型。

根据不同模型面的 CAD 图纸可以看出，模型大体是由两个相同的长方体与一个圆柱体组合而成的。因此，在建模时可建立一个长方体，之后通过旋转复制获得另一个长方体，最后再与圆柱体进行组合，完成模型的构建。

4）创建长方体。

（1）导入长方体各个面的CAD图纸并分为不同图层，如图1-3-5所示。

（2）隐藏其他图层，留下长方体建筑平面图，使用大工具栏中的工具，将平面图移动至原点，如图1-3-6所示。

（3）使用大工具栏中的工具，拉出平面，如图1-3-7所示。

（4）使用大工具栏中的，推拉平面，形成长方体的大体轮廓，如图1-3-8所示。参数设置如图1-3-9所示。

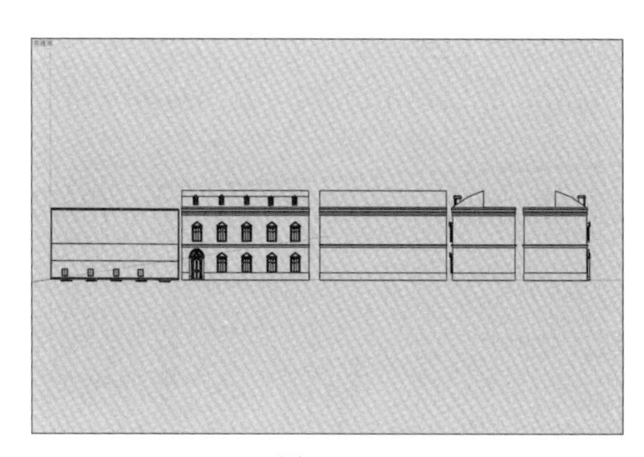

图1-3-5

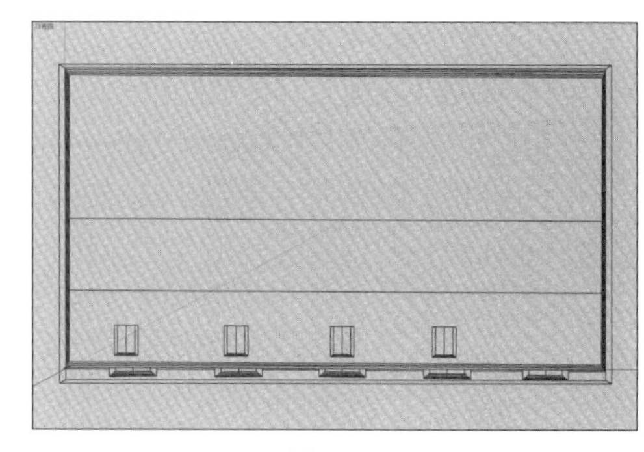

图1-3-6

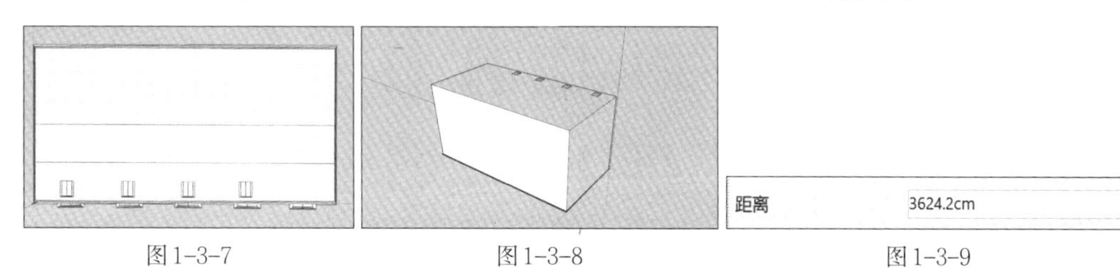

图1-3-7　图1-3-8　图1-3-9

5）创建立面。

（1）取消隐藏其他面CAD图纸，如图1-3-10所示。

（2）将所有立面图纸选中，使用大工具栏中的工具，将其旋转到垂直方向，如图1-3-11所示。

（3）使用大工具栏中的工具，将北立面与模型对齐，如图1-3-12所示。

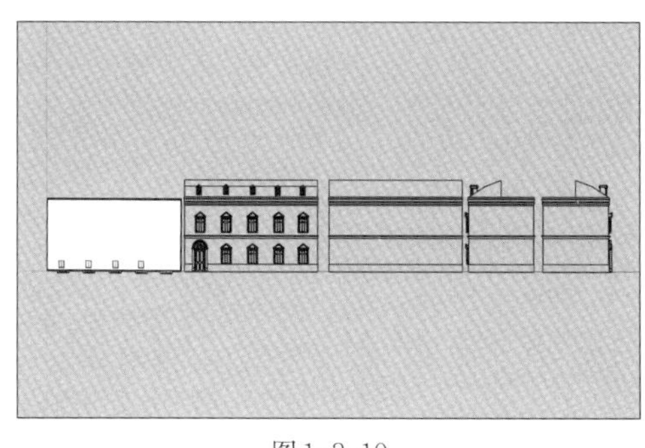

图1-3-10

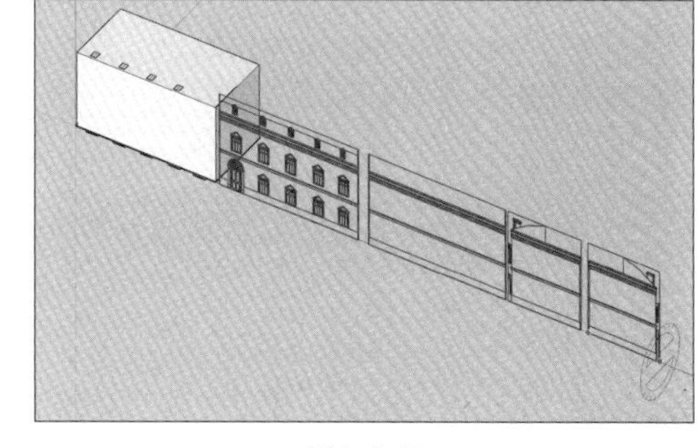

图1-3-11

图1-3-12

6）调整模型外轮廓。

（1）根据北立面图对模型外轮廓进行修改，使用大工具栏中的工具，拉出平面，对CAD图纸进行封面，并删除多余面，如图1-3-13所示。

（2）使用大工具栏中的，对选中的平面进行推拉，挤出厚度，如图1-3-14所示。参数设置如图1-3-15所示。

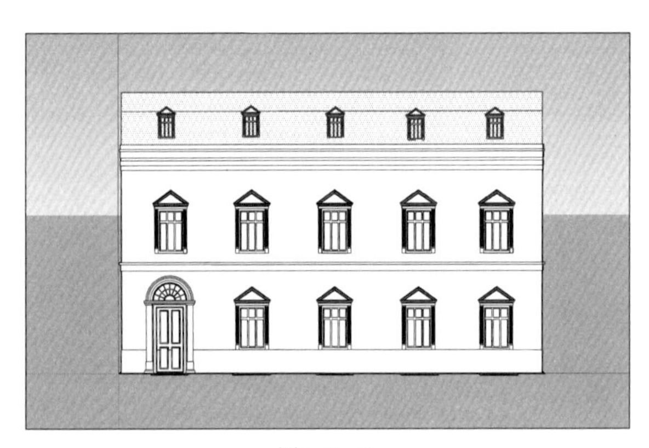

图1-3-13

图1-3-14

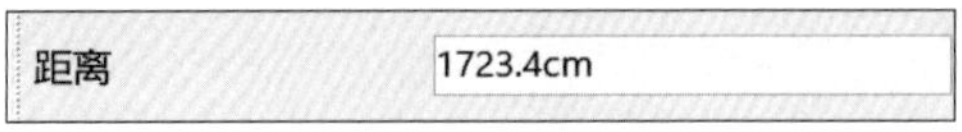

距离	1723.4cm

图1-3-15

（3）使用大工具栏中的工具,画出模型所需要的弧度，如图1-3-16所示。参数设置如图1-3-17所示。

（4）使用大工具栏中的工具，对弧度以上面进行推拉，删除多余面，如图1-3-18所示。

（5）选择各个立面图，综合使用大工具栏中的及，将各个立面与模型对齐，如图1-3-19所示。

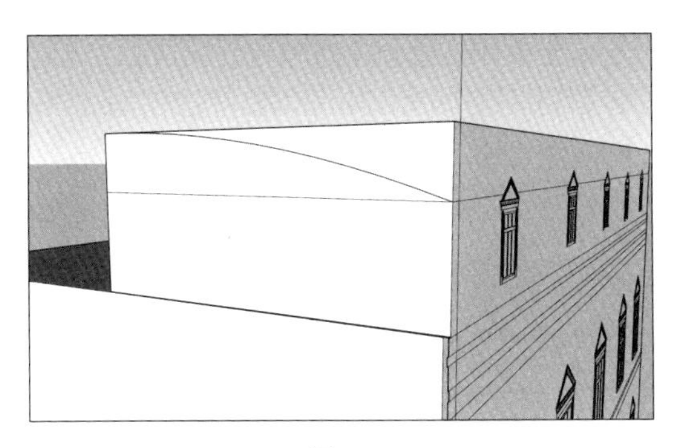

图 1-3-16

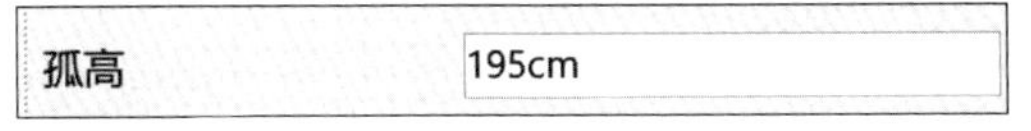

图 1-3-17

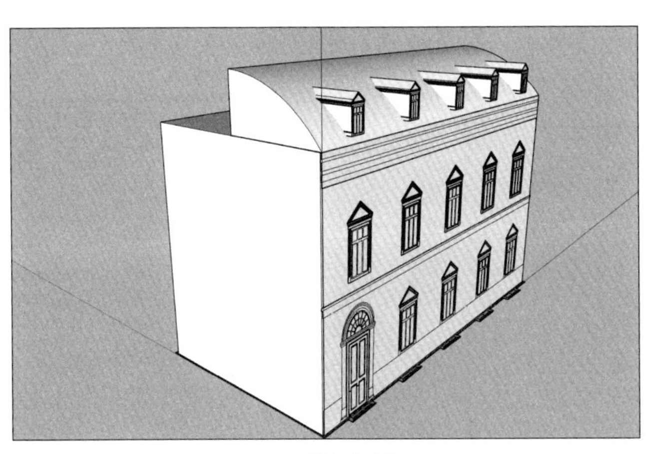

图 1-3-18

图 1-3-19

7）对窗户进行建模。

（1）单击窗口左上方的“相机”选项，选择“相机”→“标准视图”→“前视图”，如图1-3-20所示。

（2）使用大工具栏中的工具，按照CAD图纸中窗户的轮廓推拉出窗户的外轮廓，如图1-3-21所示。

（3）使用大工具栏中的工具，推拉出窗户的厚度，如图1-3-22所示。

（4）为在之后操作中避免窗户与模型其他部分粘连，选择全部窗户，单击鼠标右键，在弹出的快捷菜单中执行“创建组件”命令，如图1-3-23所示。

（5）使用大工具栏中的工具，配合“Ctrl”键，对窗户进行移动复制，建立成组，如图1-3-24所示。

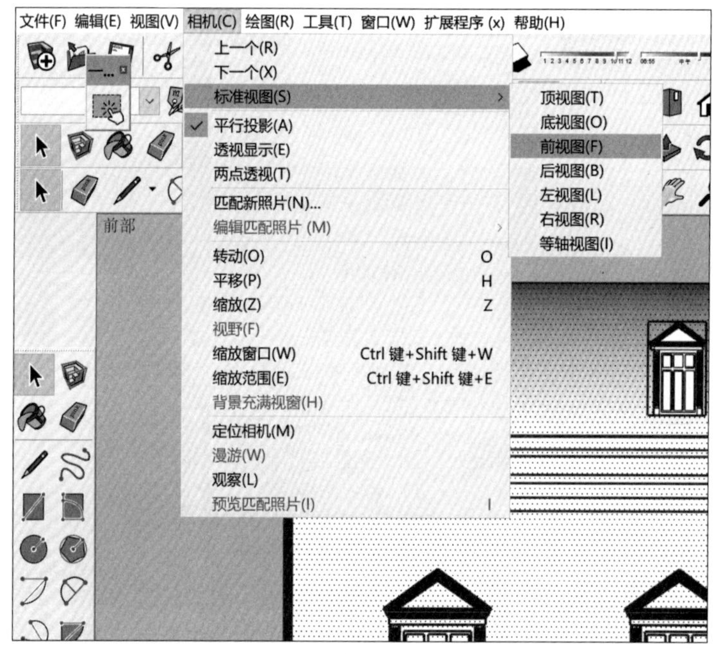

图1-3-20

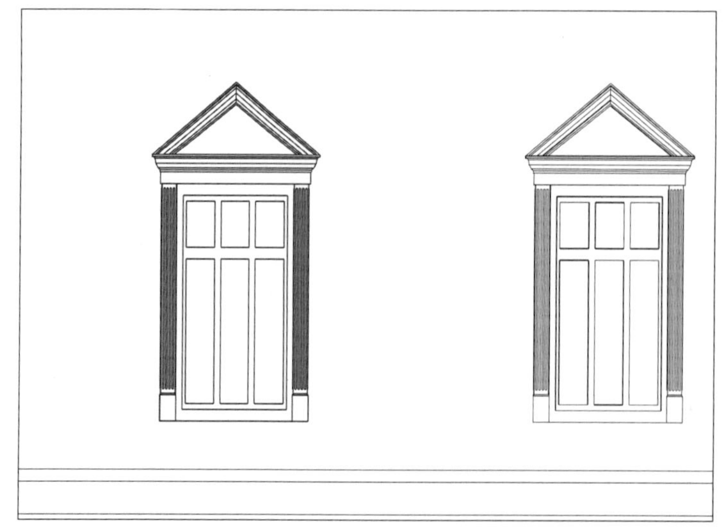

图1-3-21

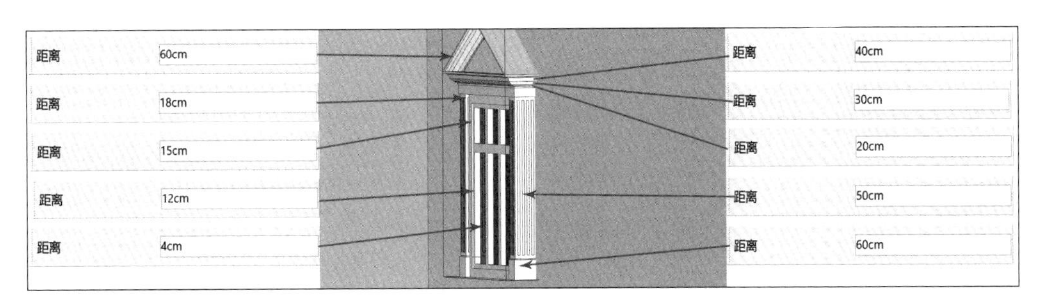

图 1-3-22

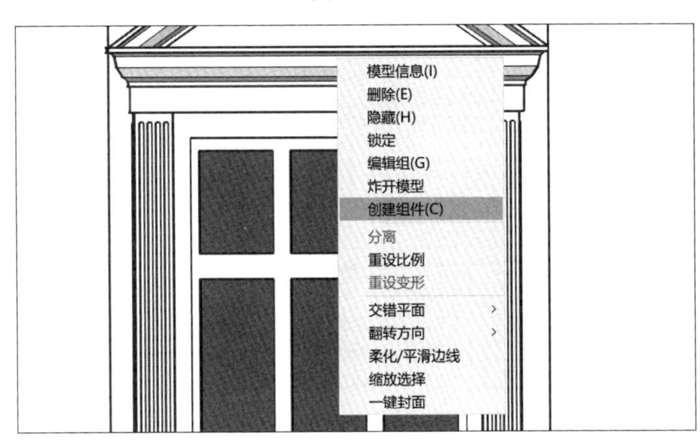

图 1-3-23

图 1-3-24

8）对正门进行建模。

（1）使用大工具栏中的工具，按照CAD图纸中门的轮廓对门进行封面，并删除多余面，如图1-3-25所示。

（2）使用大工具栏中的工具，根据不同厚度对门的不同面进行推拉，如图1-3-26所示。

图1-3-25

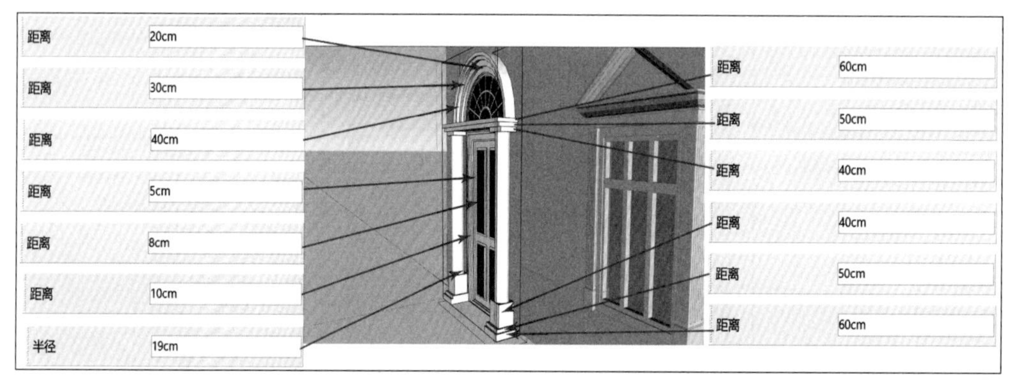

图1-3-26

9）对建筑墙体线脚进行建模。

（1）使用大工具栏中的工具，按照CAD图纸中线脚的轮廓对墙体线脚进行封面，并删除多余面，如图1-3-27所示。

（2）使用大工具栏中的工具，根据不同厚度对墙体线脚不同方向的面分别进行推拉，如图1-3-28所示。

图1-3-27

图1-3-28

10）创建另一个长方体。

选择长方体模型，使用大工具栏中的工具，旋转复制出另外一个长方体，如图1-3-29 所示。参数设置如图 1-3-30 所示。

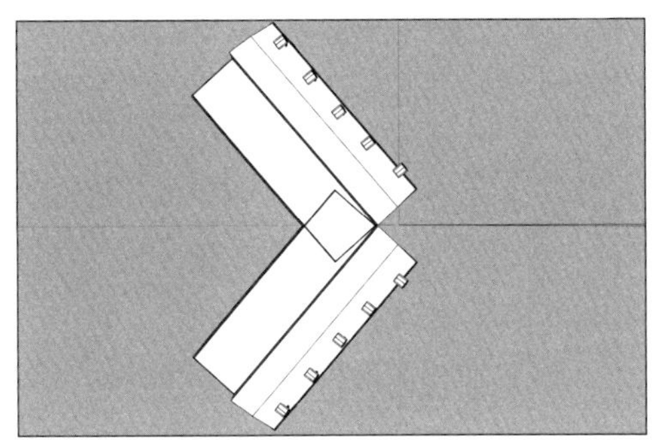

图 1-3-29

角度　100

图 1-3-30

11）创建圆柱。

（1）导入圆柱形建筑的CAD图纸并分为不同图层，如图1-3-31所示。

（2）隐藏其他图层，留下圆柱体建筑平面图，使用大工具栏中的，推拉出平面，如图1-3-32所示。

（3）使用大工具栏中的工具，推拉平面形成圆柱体的大体轮廓，如图1-3-33所示。参数设置如图1-3-34所示。

（4）取消隐藏其他面CAD图纸，如图1-3-35所示。

（5）将所有立面图纸选中，使用大工具栏中的工具，将各个面旋转到垂直方向，如图1-3-36所示。

图 1-3-31

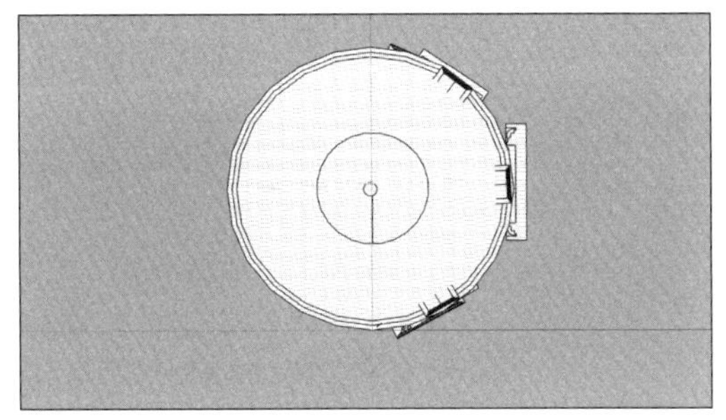

图 1-3-32

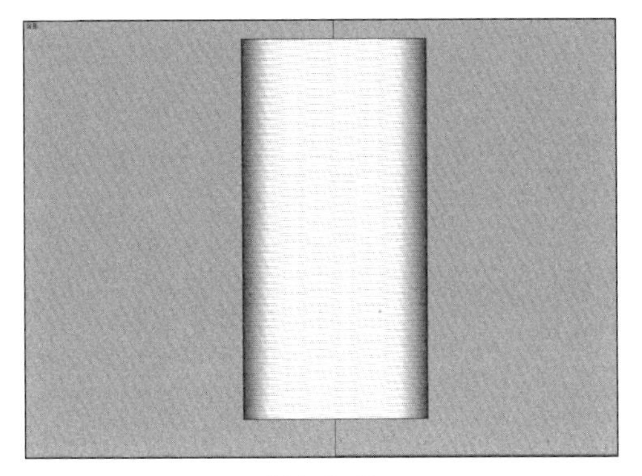

图 1-3-33

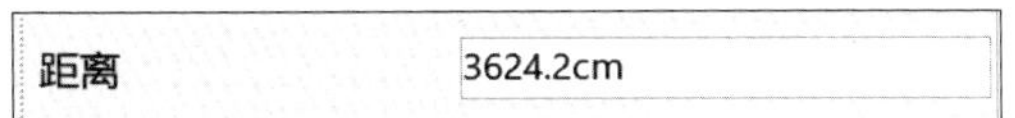

图 1-3-34

图 1-3-35

图 1-3-36

（6）使用大工具栏中的工具，将北立面与模型对齐，如图1-3-37所示。

（7）根据北立面图可以看出建筑上部为圆锥体，综合使用大工具栏中的及，绘制圆锥体的一个面，如图1-3-38所示。

（8）使用大工具栏中的工具，建立圆锥体，如图1-3-39所示。

（9）使用大工具栏中的工具，推拉平面形成圆柱体的大体轮廓，如图1-3-40所示。参数设置如图1-3-41所示。

（10）使用大工具栏中的工具，绘制平面圆，如图1-3-42所示。参数设置如图1-3-43所示。

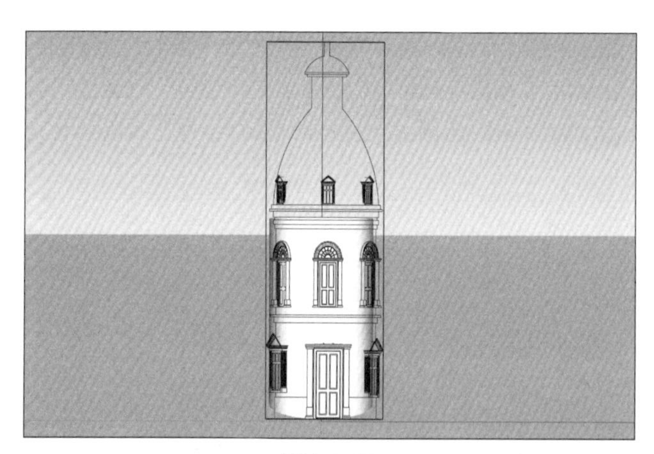
图 1-3-37

图 1-3-38

图 1-3-39

图 1-3-40

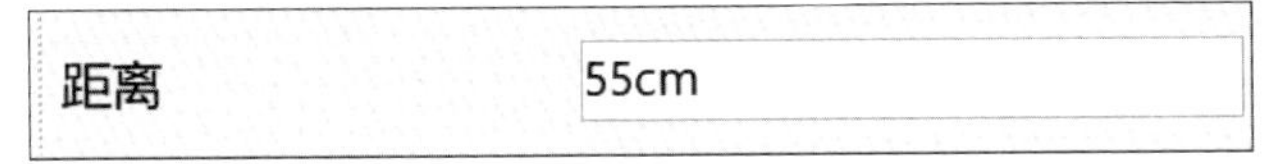

图 1-3-41

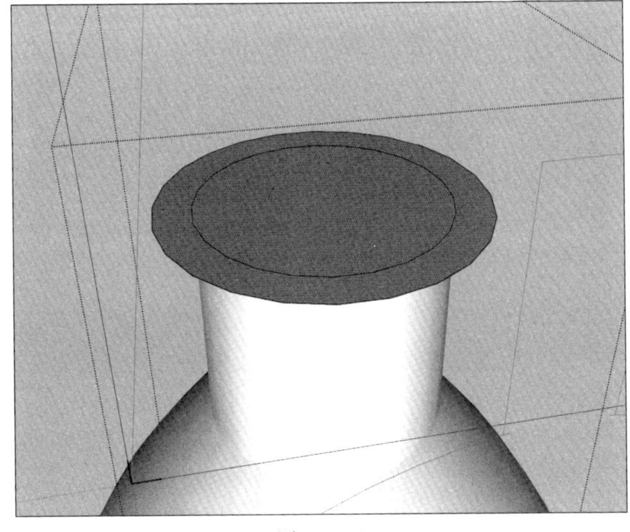

图 1-3-42

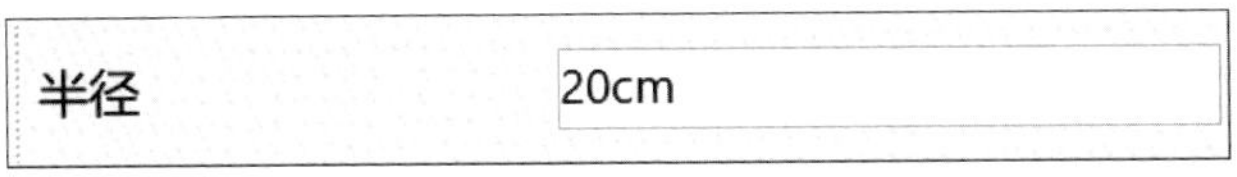

半径	20cm

图 1-3-43

（11）使用大工具栏中的工具，对平面圆进行推拉，如图1-3-44所示。参数设置如图1-3-45所示。

（12）以上述方式绘制第二个平面圆并进行推拉，如图1-3-46所示。圆半径参数设置如图1-3-47所示，厚度参数设置如图1-3-48所示。

（13）综合使用大工具栏的及工具，绘制圆锥体的一个面，如图1-3-49所示。

（14）使用大工具栏中的工具，建立圆锥体，如图1-3-50所示。

（15）使用大工具栏中的，绘制圆，如图1-3-51所示。参数设置如图1-3-52所示。

（16）使用大工具栏中的工具，对平面圆进行推拉，如图1-3-53所示。参数设置如图1-3-54所示。

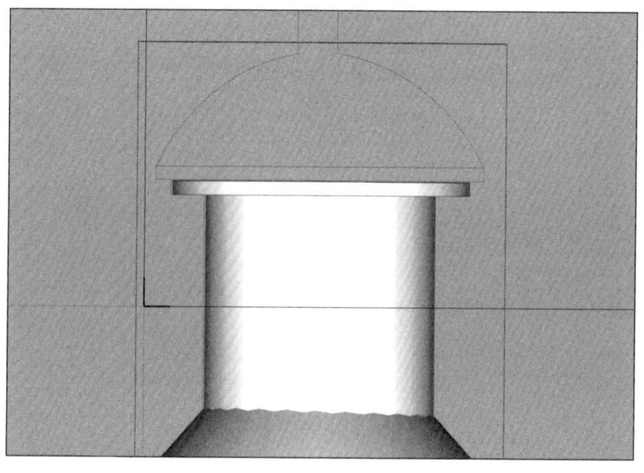

图 1-3-44

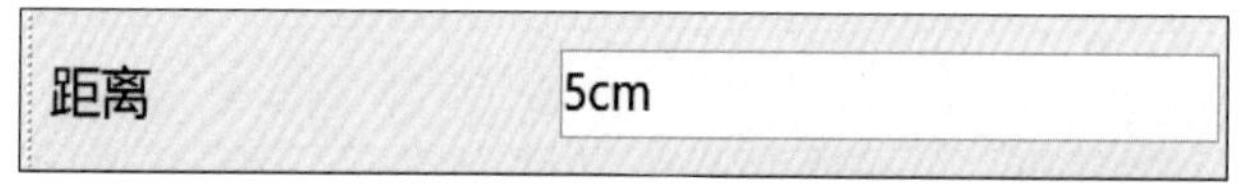

图 1-3-45

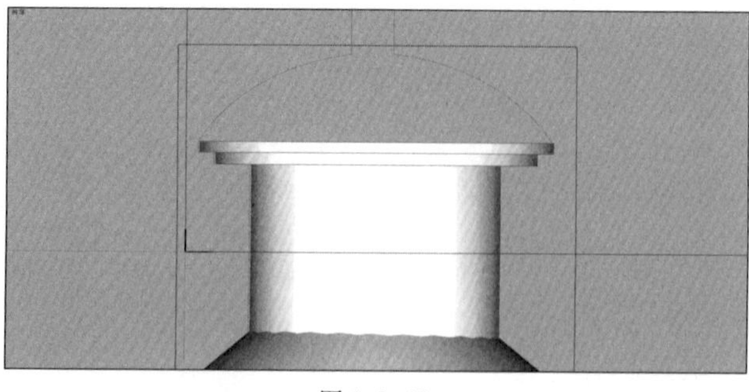

图 1-3-46

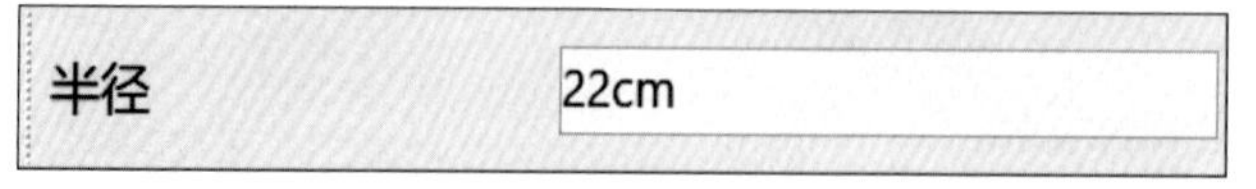

图 1-3-47

图 1-3-48

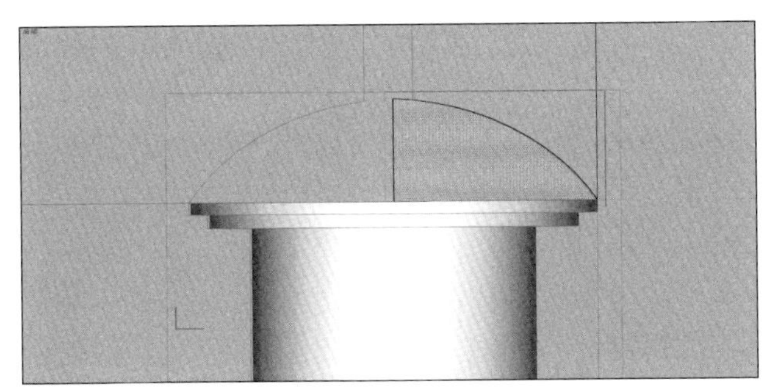

图 1-3-49

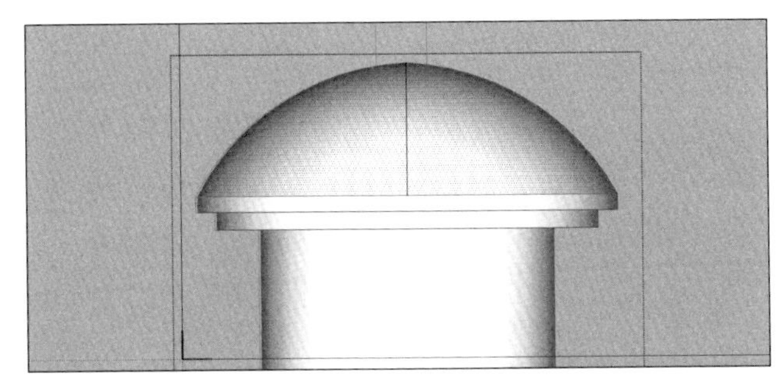

图 1-3-50

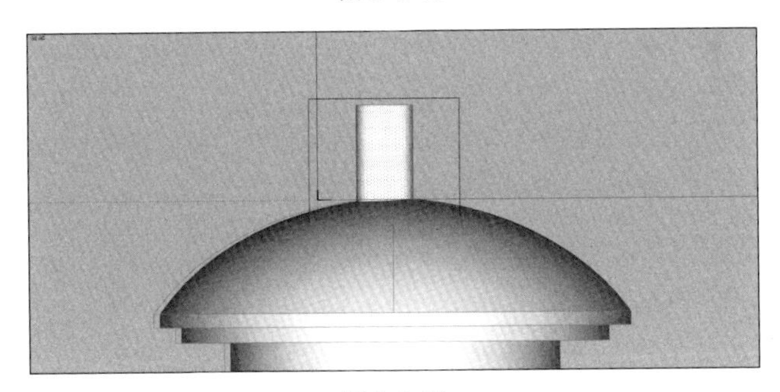

图 1-3-51

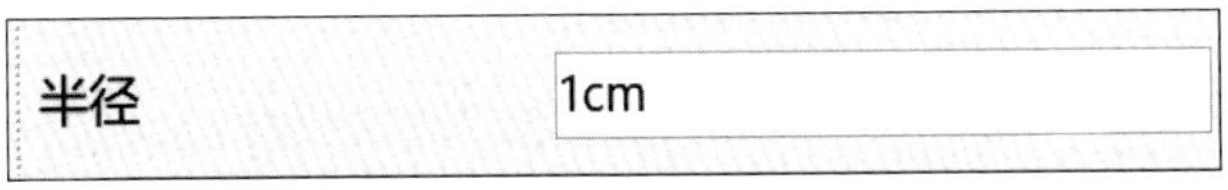

半径　1cm

图 1-3-52

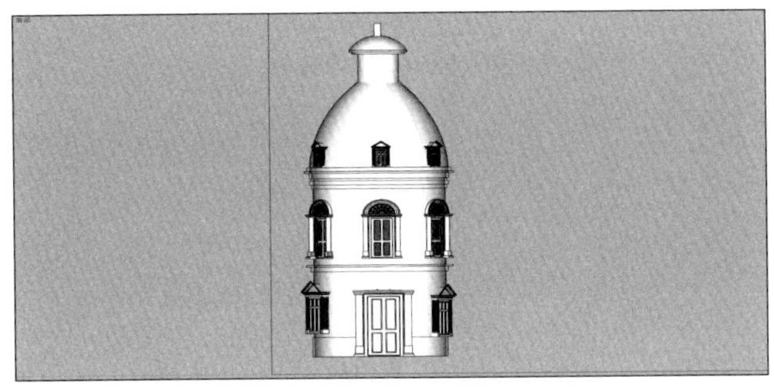

图 1-3-53

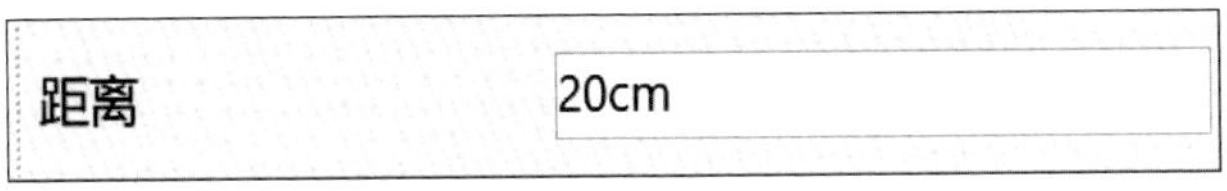

距离　20cm

图 1-3-54

（17）使用大工具栏中的工具，通过移动复制建立圆柱体建筑的窗户，如图1-3-55所示。

（18）使用大工具栏中的工具，按照CAD图纸来建立绘制圆柱体建筑门的模型，如图1-3-56所示。

（19）使用大工具栏中的，对选中的平面进行推拉，挤出厚度，如图1-3-57所示。

（20）使用大工具栏中的，按照CAD图纸中台阶的轮廓对建筑墙体进行封面，并删除多余面，如图1-3-58所示。

（21）使用大工具栏中的工具，根据不同厚度对建筑墙体的不同面进行推拉，如图1-3-59所示。

（22）取消隐藏两个长方体建筑。至此，原华俄道胜银行建模完成，如图1-3-60所示。

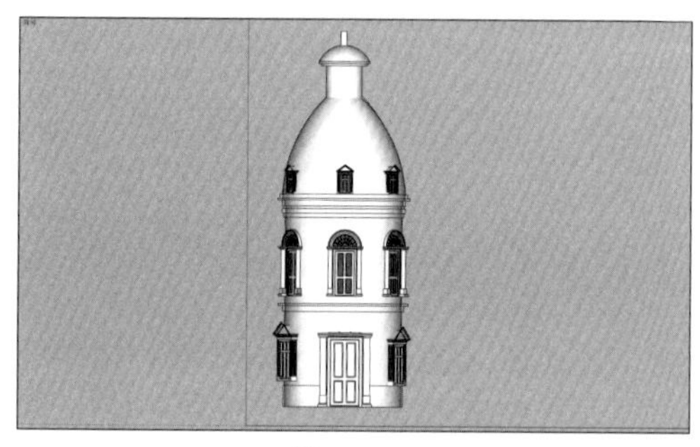

图 1-3-55

图 1-3-56

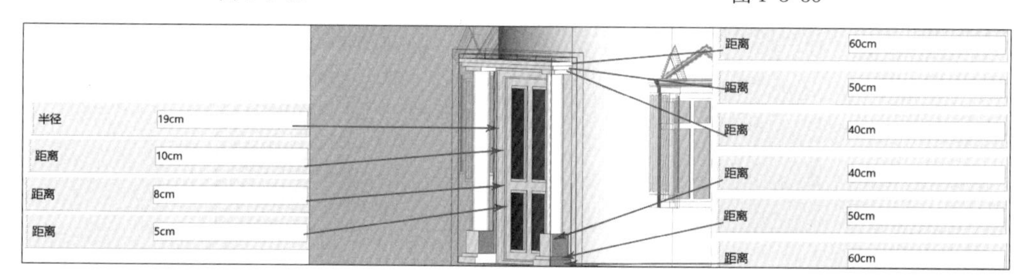

图 1-3-57

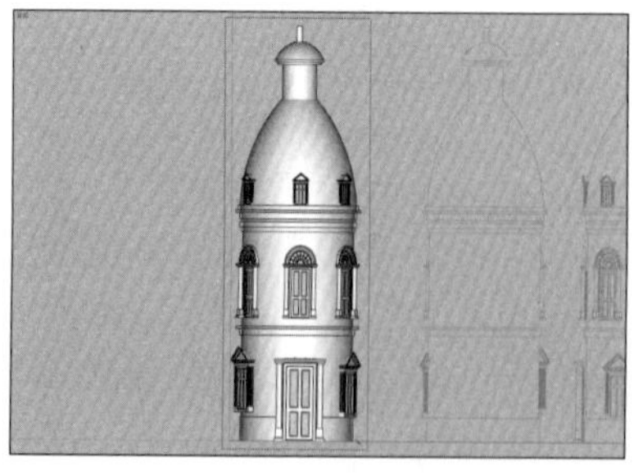

图 1-3-58

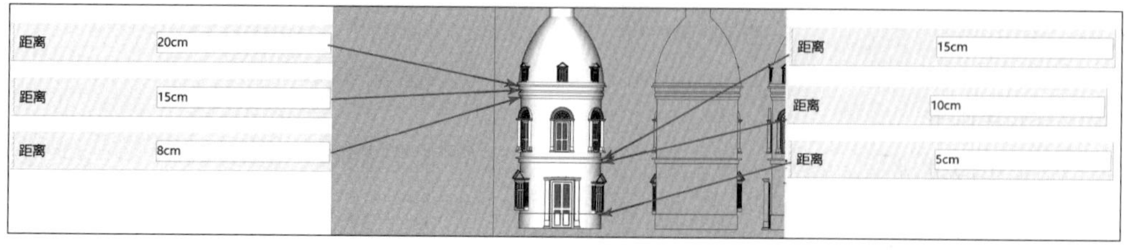

图 1-3-59

图 1-3-60

第四节　原汇丰银行模型创建

1）打开 Sketchup 软件，导入原汇丰银行 CAD 图纸，如图 1-4-1 所示。

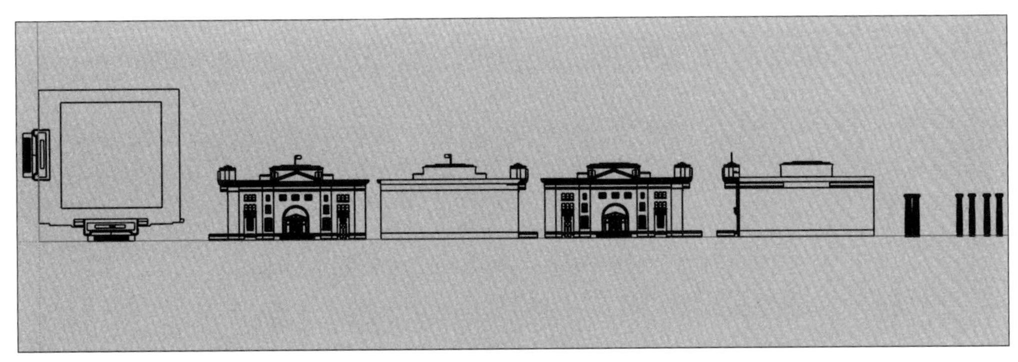

图 1-4-1

2）将不同平面和立面的 CAD 图纸分别放入不同图层，以避免后续建模时发生混乱。

（1）在“图层”面板中可添加或删除图层，双击图层即可改变图层名称，如图1-4-2所示。

（2）选中北立面图，单击鼠标右键查看“模型信息”，如图1-4-3所示。

（3）更改北立面图的所在图层,如图1-4-4所示。

（4）按照上述步骤将平面图、北立面图、南立面图、东立面图、西立面图和罗马柱这6个图纸分好图层。

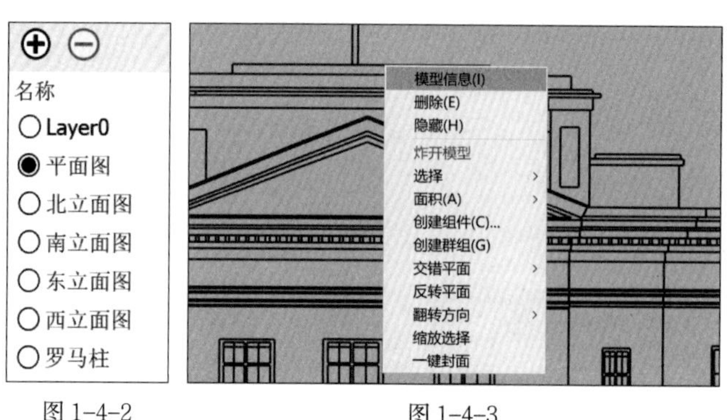

图 1-4-2　　　　图 1-4-3

图 1-4-4

3）创建平面。

（1）隐藏其他图层，留下“平面图”图层，如图1-4-5所示。

（2）使用大工具栏中的工具，拉出平面，对CAD图纸进行封面，并将多余面删除，如图1-4-6所示。

（3）使用大工具栏中的，推拉平面形成原汇丰银行模型的大体轮廓，如图1-4-7所示。参数设置如图1-4-8所示。

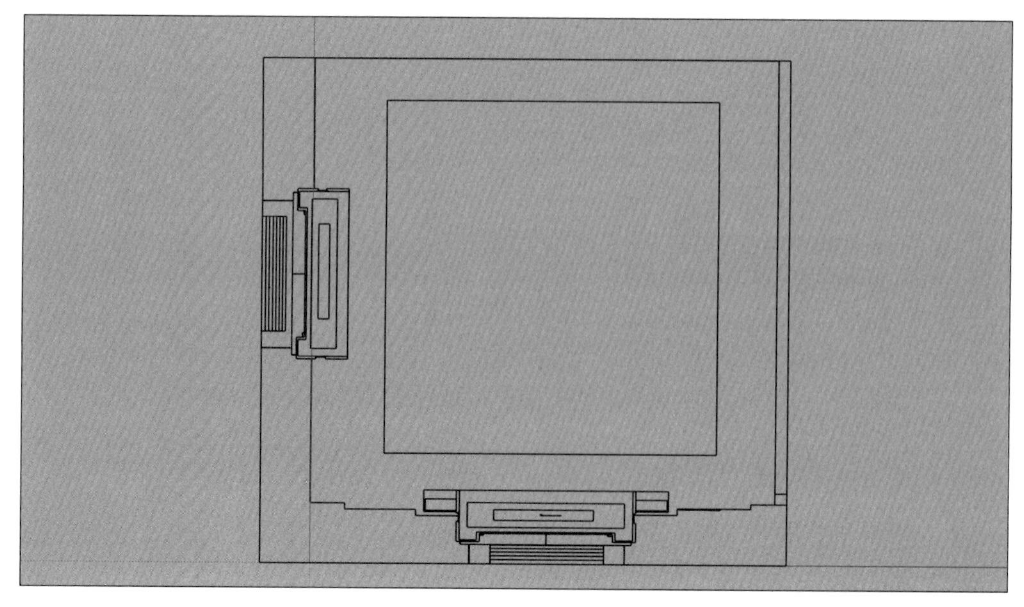

图 1-4-5

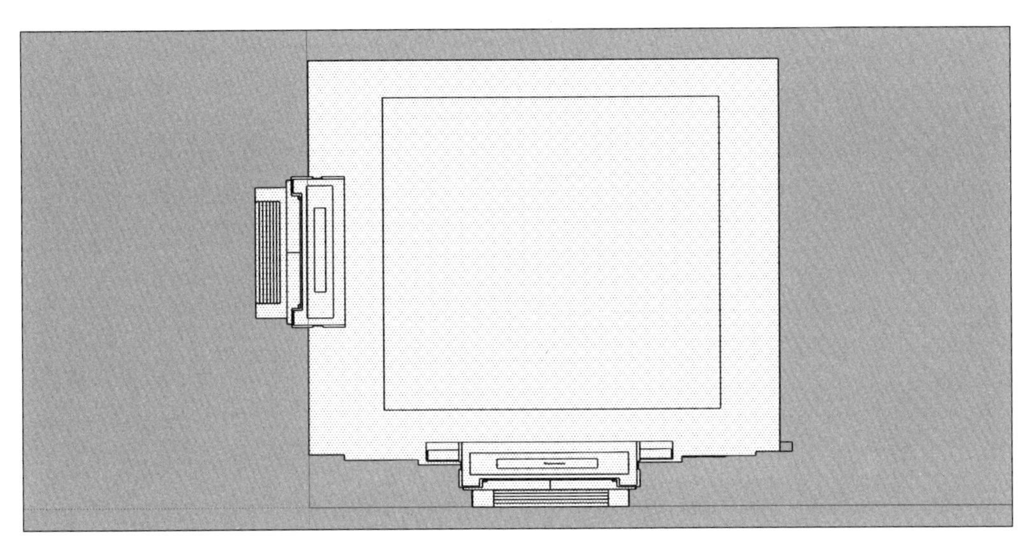

图 1-4-6

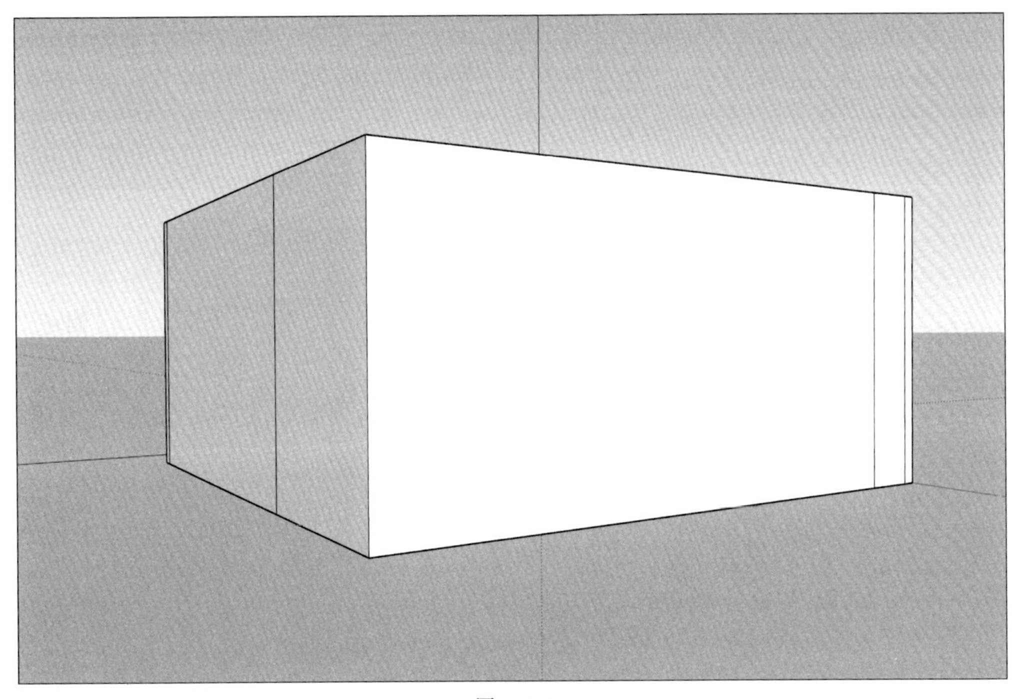

图 1-4-7

距离　4560cm

图 1-4-8

4）创建立面。

（1）取消隐藏其他面CAD图纸，如图1-4-9所示。

（2）将所有立面图纸选中，使用大工具栏中的工具，将各个面旋转到垂直方向，如图1-4-10所示。

（3）使用大工具栏中的工具，将北立面与模型对齐，如图1-4-11所示。

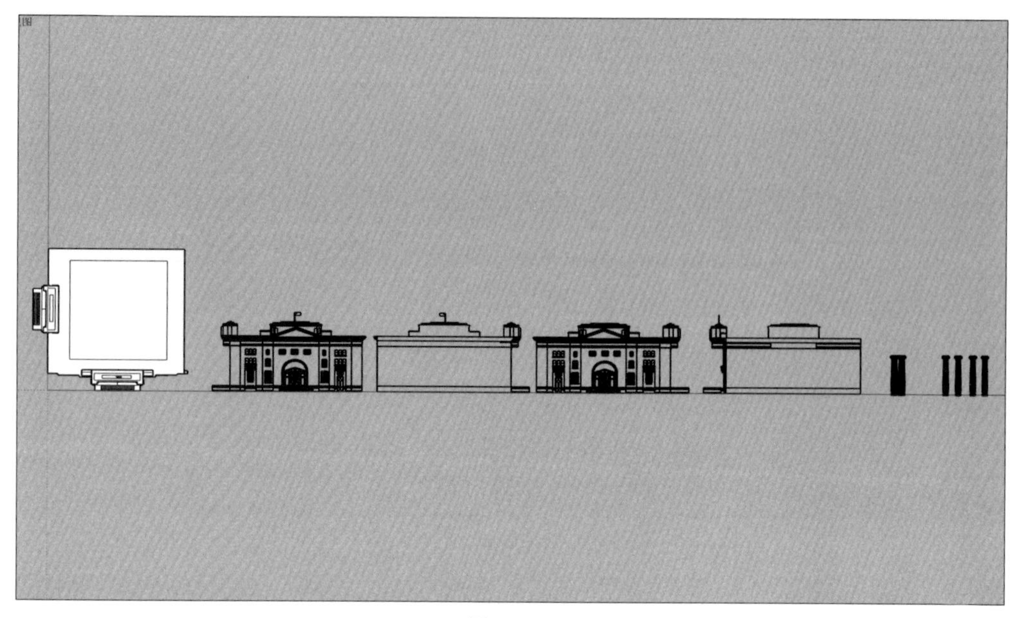

图 1-4-9

图 1-4-10

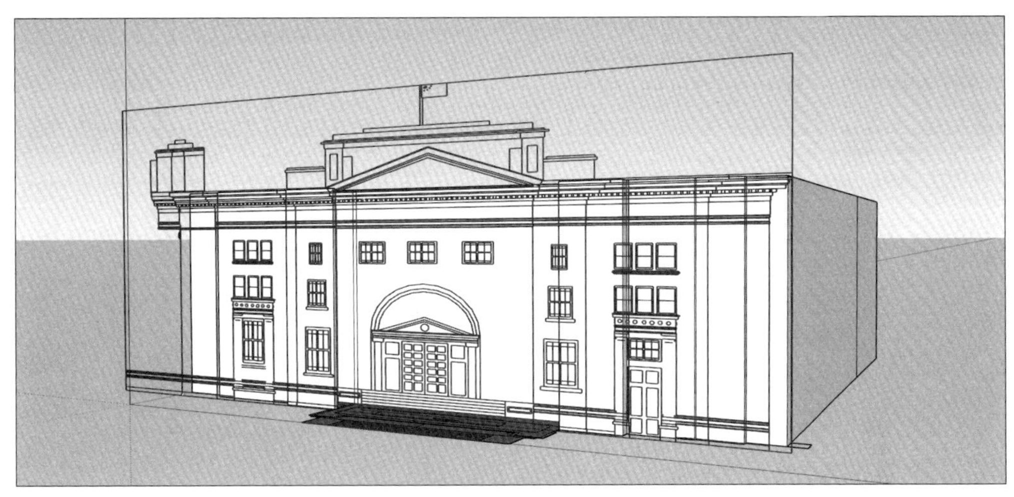

图 1-4-11

5）调整模型外轮廓。

（1）根据北立面图对模型外轮廓进行修改，使用大工具栏中的工具，拉出平面，对CAD图纸进行封面，并删除多余面，如图1-4-12所示。

（2）使用大工具栏中的，对选中的平面进行推拉，挤出厚度，如图1-4-13所示。

（3）选择各个立面图，综合使用大工具栏中的及，将各个立面与模型对齐，如图1-4-14所示。

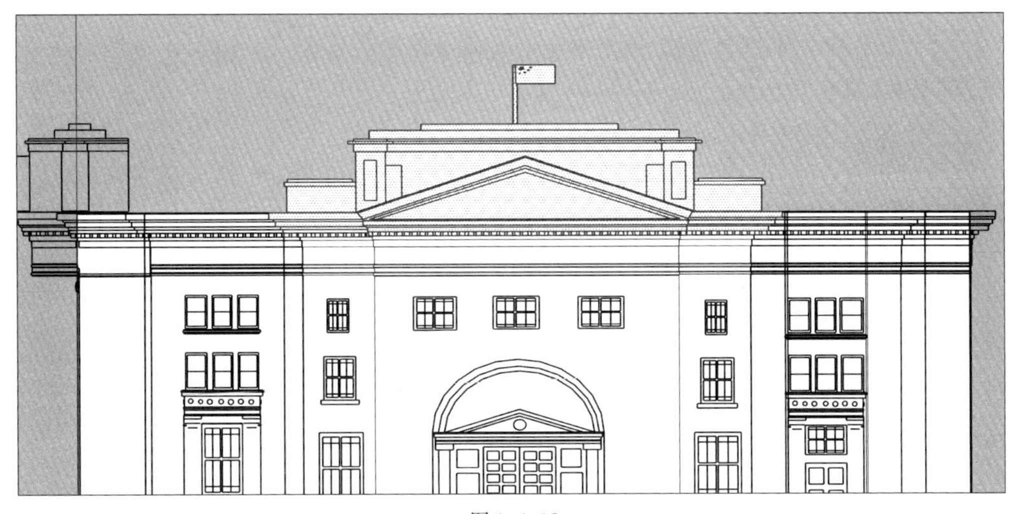

图 1-4-12

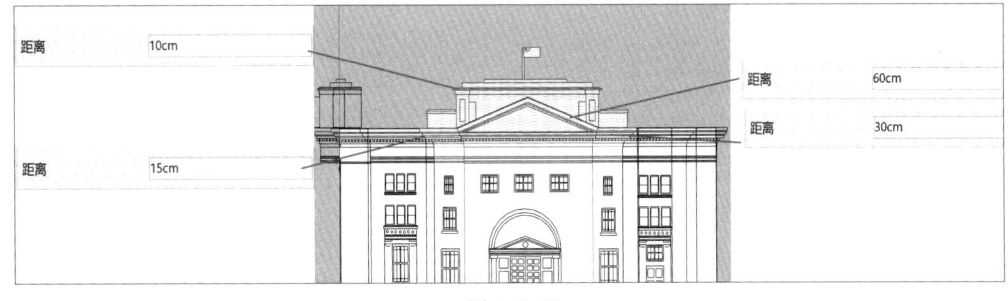

图 1-4-13

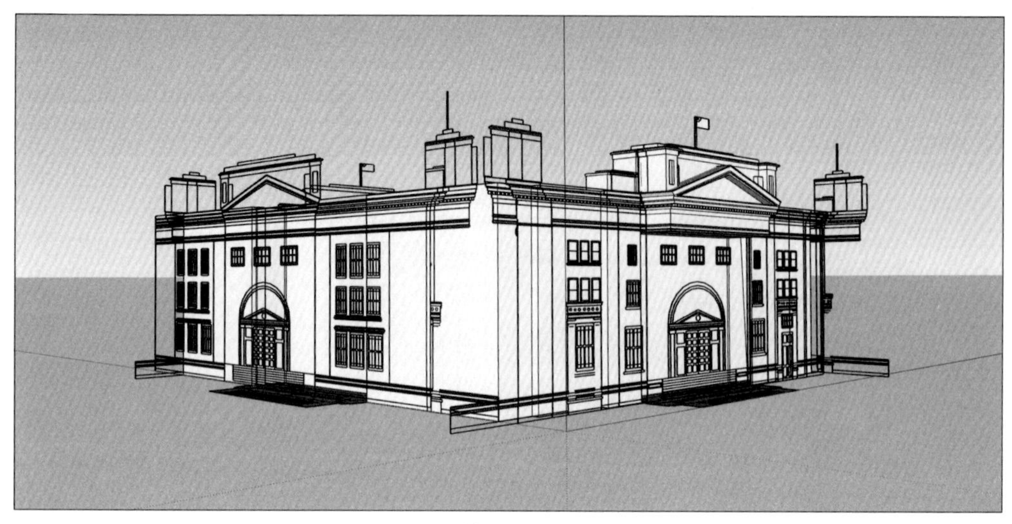

图 1-4-14

6）对窗户进行建模。

（1）三连击鼠标左键，全选模型，单击鼠标右键，执行“创建群组”命令，如图1-4-15所示。

（2）单击窗口左上方的“相机”，选择“相机”→“标准视图”→“前视图”，如图1-4-16所示。

（3）使用大工具栏中的工具，按照CAD图纸中窗户的轮廓推拉出窗户的外轮廓，如图1-4-17所示。

（4）使用大工具栏中的工具，推拉出窗棂的厚度，如图1-4-18所示。参数设置如图1-4-19所示。

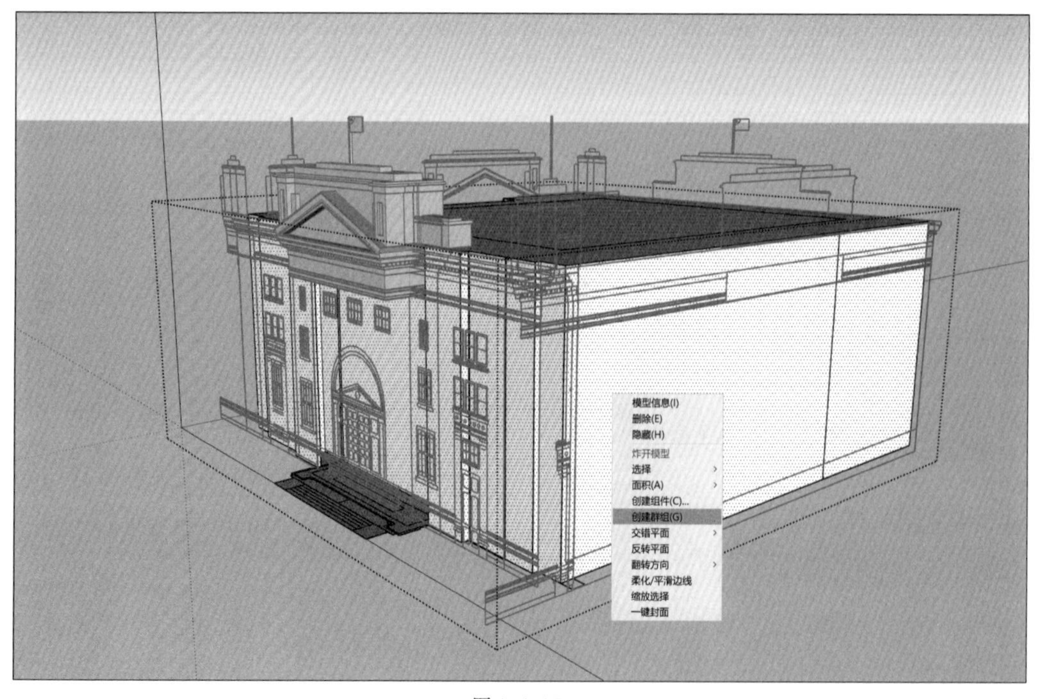

图 1-4-15

（5）为在之后的操作中避免窗户与其他部分粘连，选择全部窗户，单击鼠标右键，在弹出的快捷菜单中执行“创建组件”命令，如图1-4-20所示。

（6）使用大工具栏中的工具，配合“Ctrl”键，进行移动复制，建立一组窗户，如图1-4-21所示。

（7）使用大工具栏中的及工具，配合“Ctrl”键，通过变形建立其余的窗户，如图1-4-22所示。

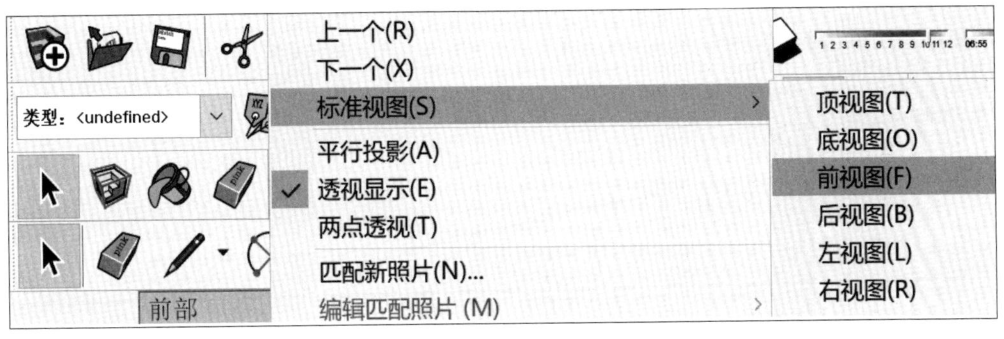

图 1-4-16

图 1-4-17

图 1-4-18

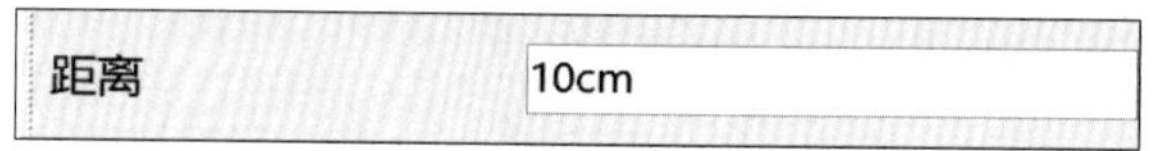

图 1-4-19

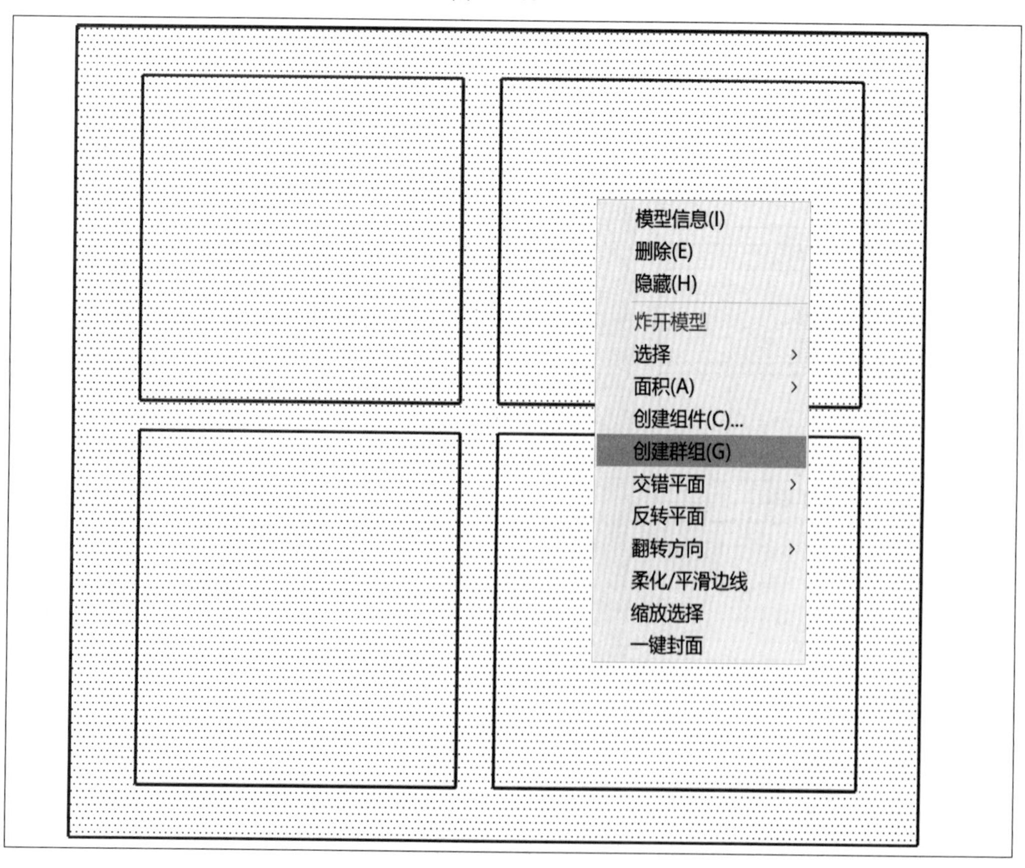

图 1-4-20

图 1-4-21

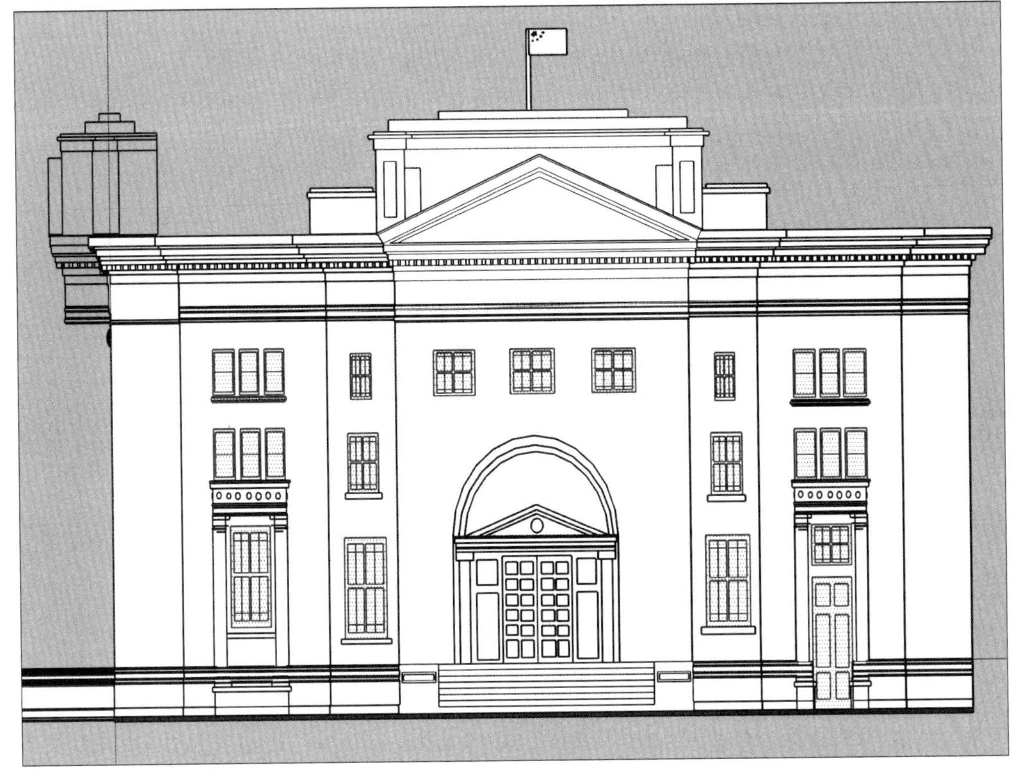

图 1-4-22

7）对窗台进行建模。

（1）使用大工具栏中的工具，按照CAD图纸中窗台的轮廓对窗台进行封面，并删除多余面，如图1-4-23所示。

（2）使用大工具栏中的工具，推拉出窗台的厚度，如图1-4-24所示。

（3）使用大工具栏中的工具，配合“Ctrl”键，复制建立其余窗台。

图 1-4-23

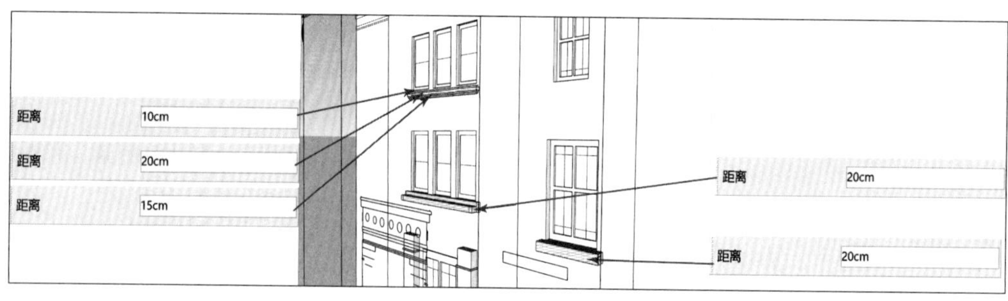

图 1-4-24

8）对正门进行建模。

（1）使用大工具栏中的工具，按照CAD图纸中门的轮廓对门进行封面，并删除多余面，如图1-4-25所示。

（2）使用大工具栏中的工具，根据不同厚度对门的不同面进行推拉，如图1-4-26所示。

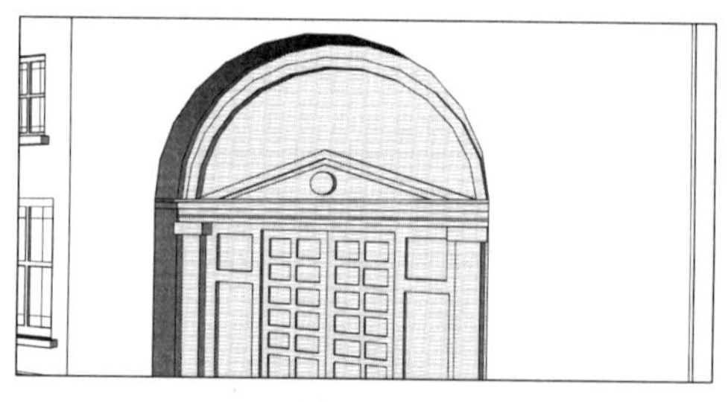

图 1-4-25

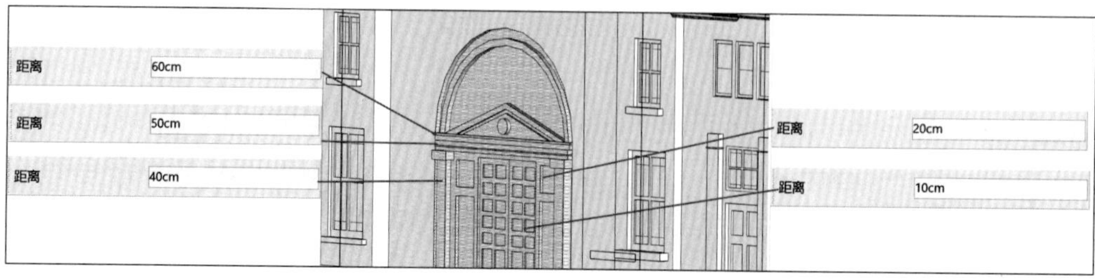

图 1-4-26

9）对旁门进行建模。

（1）使用大工具栏中的工具，按照CAD图纸中旁门的轮廓进行封面，并删除多余面，如图1-4-27所示。

（2）使用大工具栏中的工具，根据不同厚度对旁门的不同面进行推拉，如图1-4-28所示。

（3）使用大工具栏中的工具，配合“Ctrl”键，复制建立另一个旁门，如图1-4-29所示。

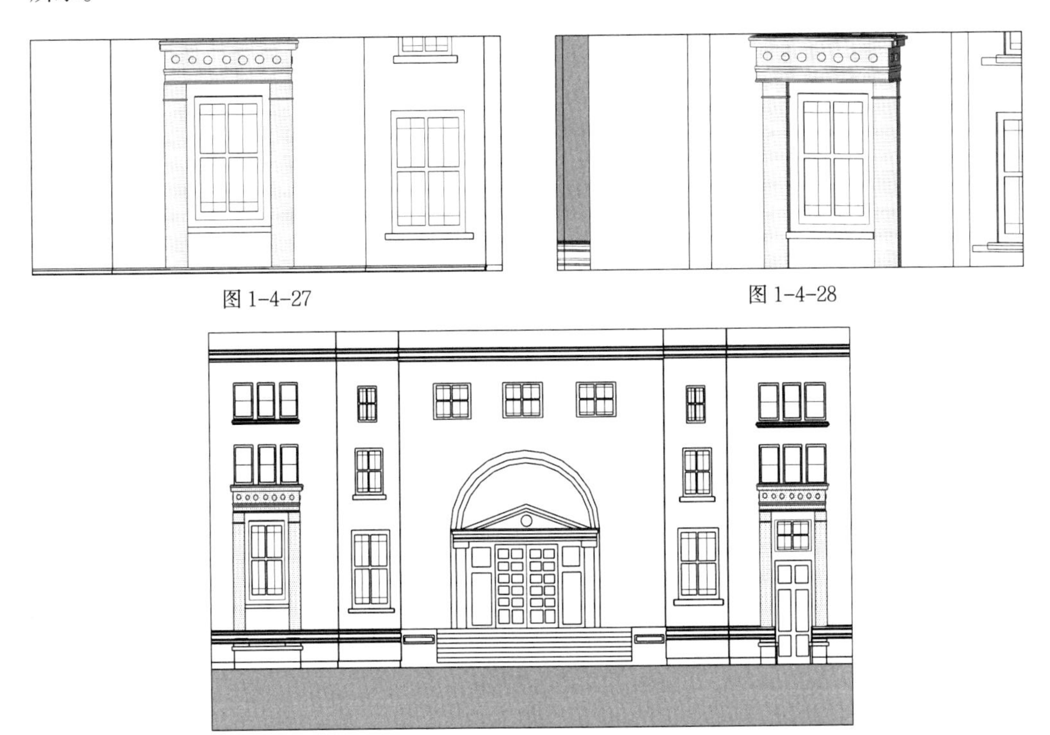

图 1-4-27

图 1-4-28

图 1-4-29

10）对台阶进行建模。

（1）使用大工具栏中的工具，按照CAD图纸中台阶的轮廓对台阶进行封面，并删除多余面，如图1-4-30所示。

（2）使用大工具栏中的，根据不同厚度对台阶的不同面进行推拉，如图 1-4-31所示。

图 1-4-30

图1-4-31

11）对建筑墙体线脚进行建模。

（1）使用大工具栏中的▨工具，按照CAD图纸中线脚的轮廓对墙体线脚进行封面，并删除多余面，如图1-4-32所示。

（2）使用大工具栏中的◆工具，根据不同厚度对墙体线脚不同方向的面分别进行推拉，如图1-4-33所示。

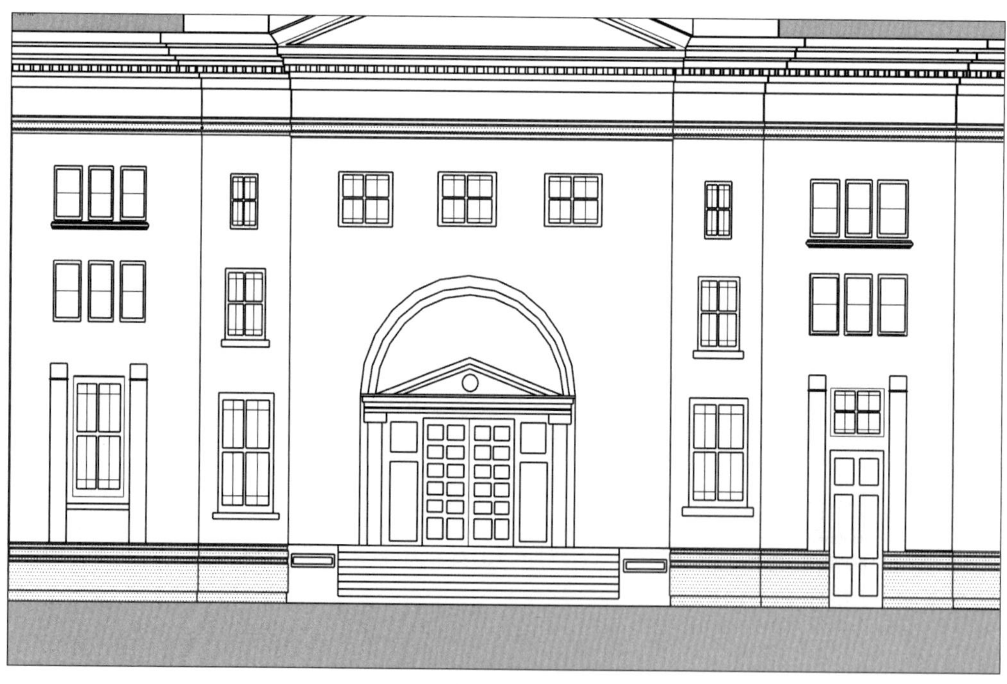

图1-4-32

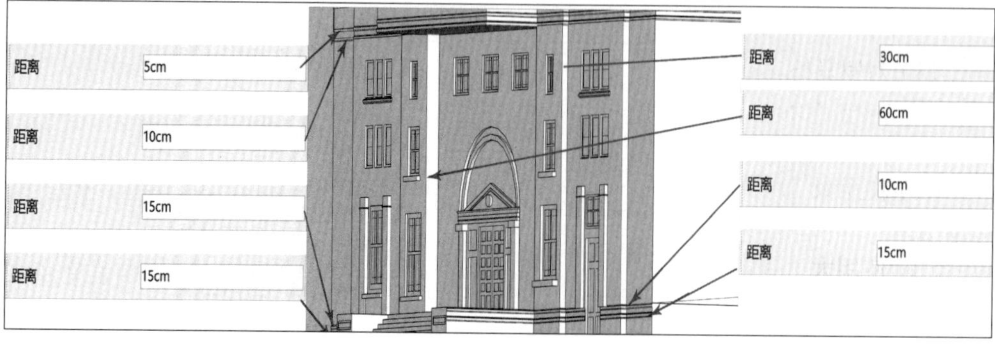

图1-4-33

12）对原汇丰银行西立面进行建模。

（1）使用大工具栏中的▨工具，按照CAD图纸拉出平面，如图1-4-34所示。

（2）按照北立面建模步骤对西立面进行建模，如图1-4-35所示。

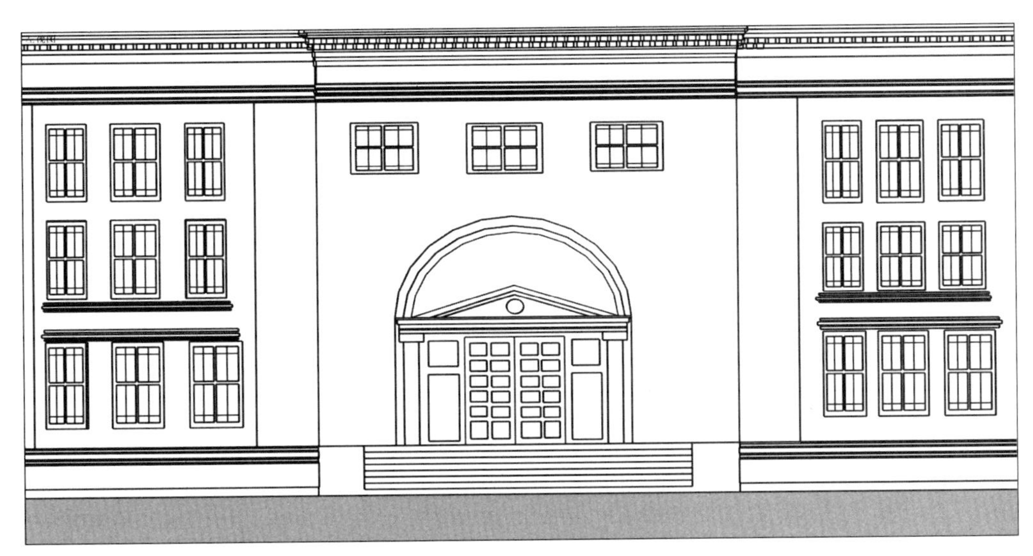

图 1-4-34

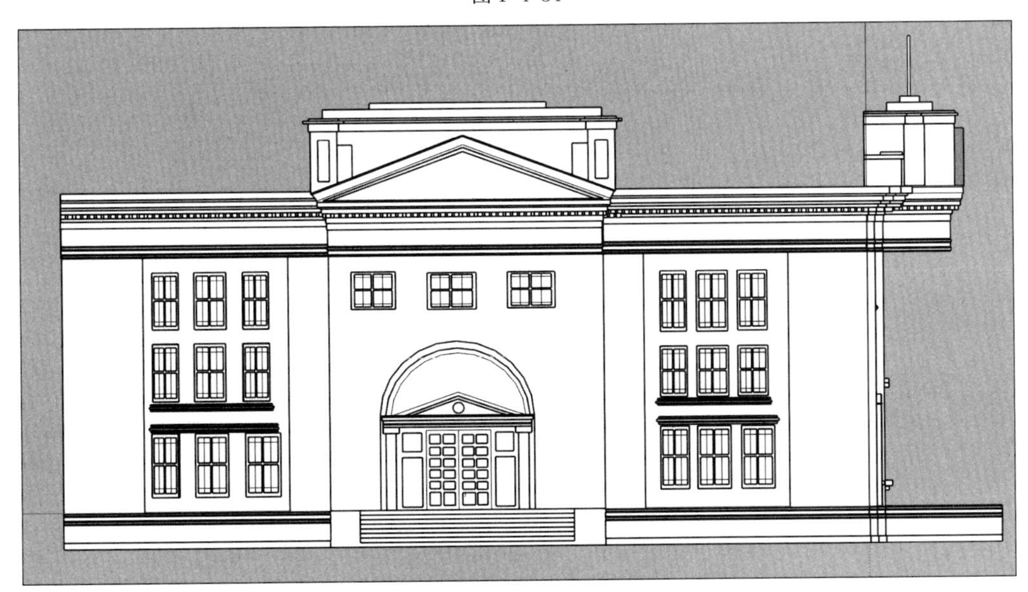

图 1-4-35

13）对罗马柱进行建模。

（1）使用大工具栏中的◎工具，建立罗马柱底面的圆，如图1-4-36所示。参数设置如图1-4-37所示。

（2）使用大工具栏中的◆，建立柱体高度，如图1-4-38所示。参数设置如图1-4-39所示。

（3）使用大工具栏中的▨工具，建立小矩形，并单击鼠标右键，在弹出的快捷菜单中执行“创建组件”命令，如图1-4-40所示。

（4）使用大工具栏中的⟳工具，旋转得出其余矩形，如图1-4-41所示。

（5）三连击鼠标左键，进入组件，使用大工具栏中的工具，对矩形进行变形，如图1-4-42所示。

（6）使用大工具栏中的工具，对矩形进行偏移，如图1-4-43所示。参数设置如图1-4-44所示。

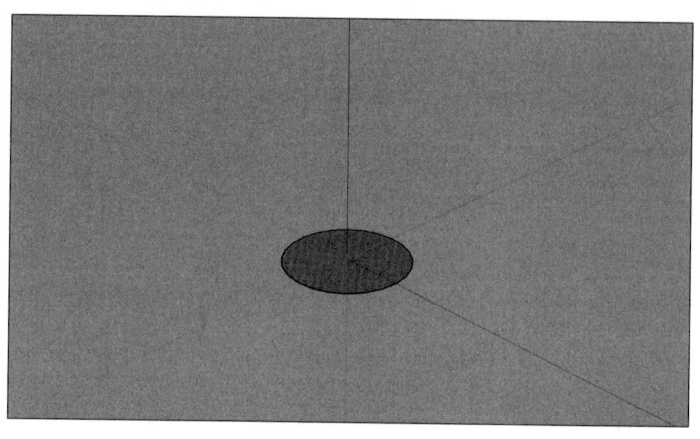

图 1-4-36

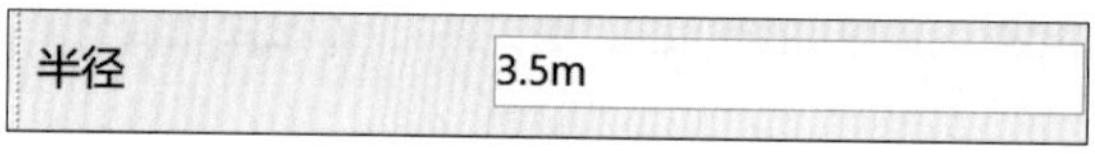

半径	3.5m

图 1-4-37

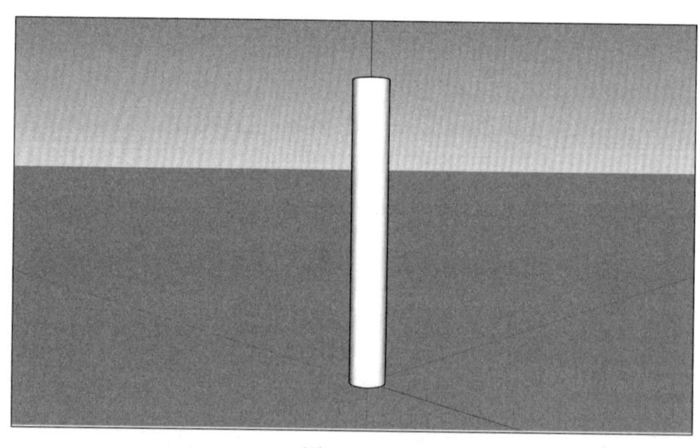

图 1-4-38

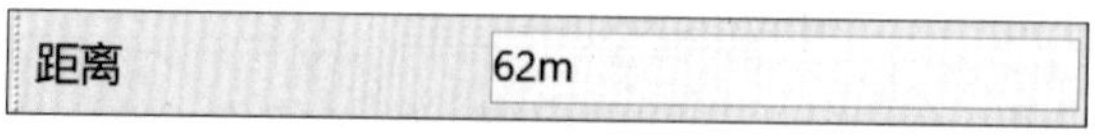

距离	62m

图 1-4-39

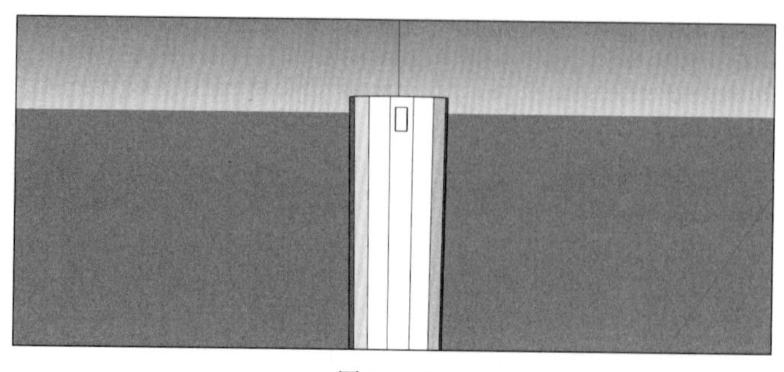

图 1-4-40

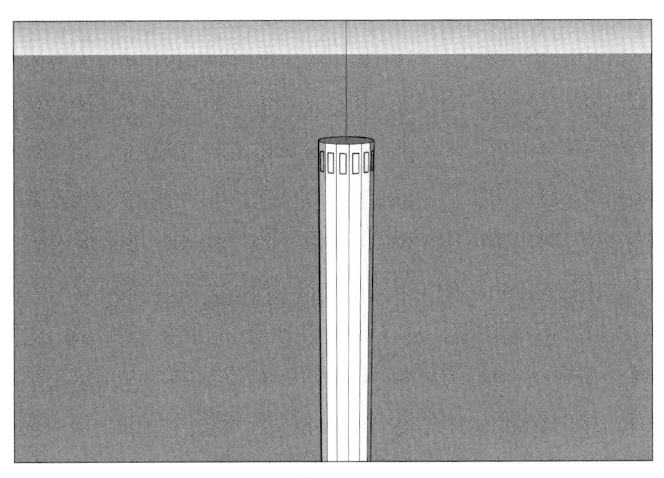

图 1-4-41

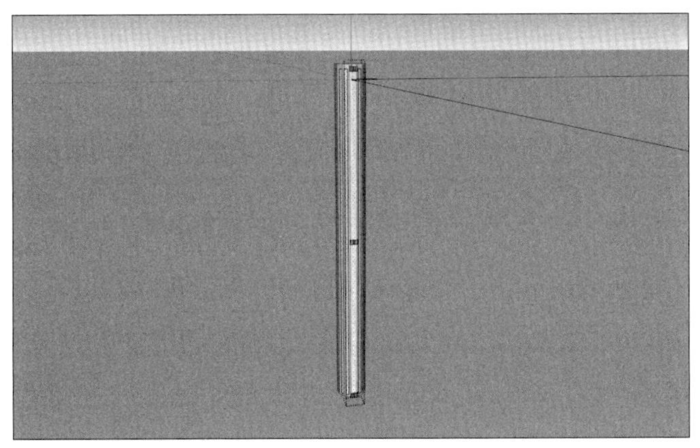

图 1-4-42

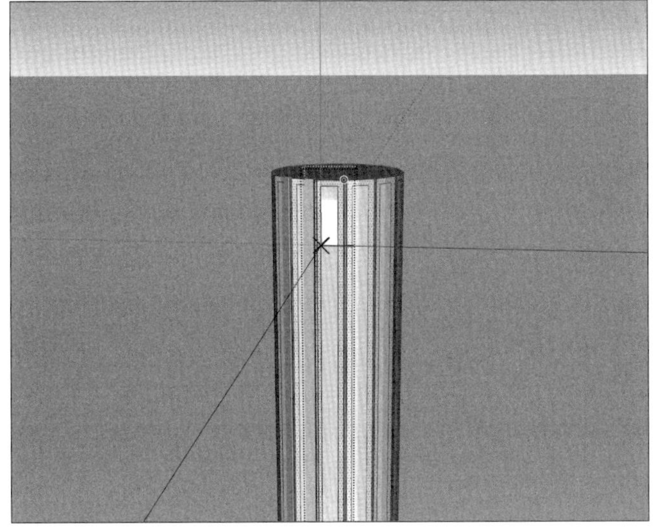

图 1-4-43

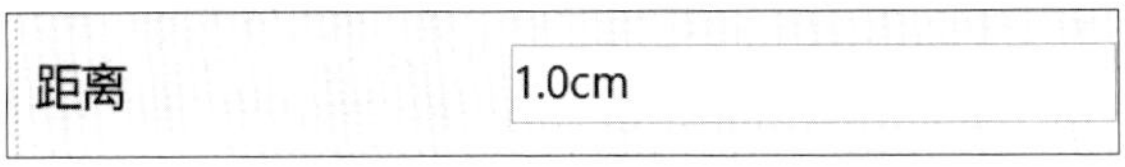

距离	1.0cm

图 1-4-44

（7）使用大工具栏中的工具，推拉出凹槽的厚度，如图1-4-45所示。厚度参数设置如图1-4-46所示。

（8）使用大工具栏中的工具，在柱形上方绘制矩形，如图1-4-47所示。参数设置如图1-4-48所示。

（9）使用大工具栏中的工具，在矩形上绘制出柱头曲线，如图1-4-49所示。

（10）使用大工具栏中的工具，选择圆的边线，单击柱头面，形成柱头，如图1-4-50和图1-4-51所示。

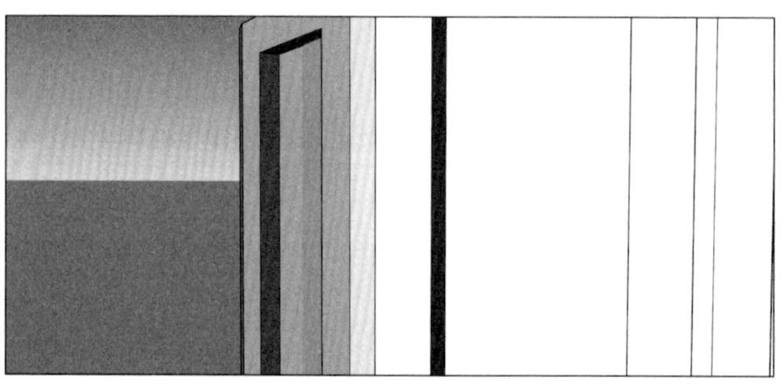

图 1-4-45

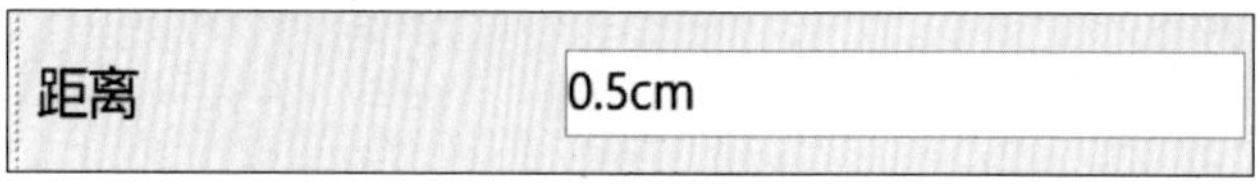

距离 0.5cm

图 1-4-46

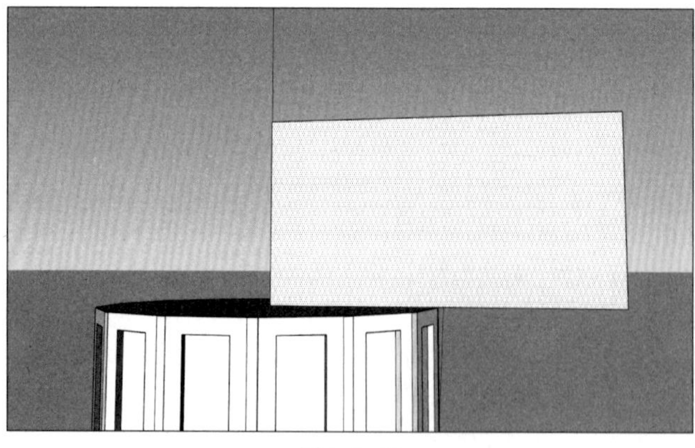

图 1-4-47

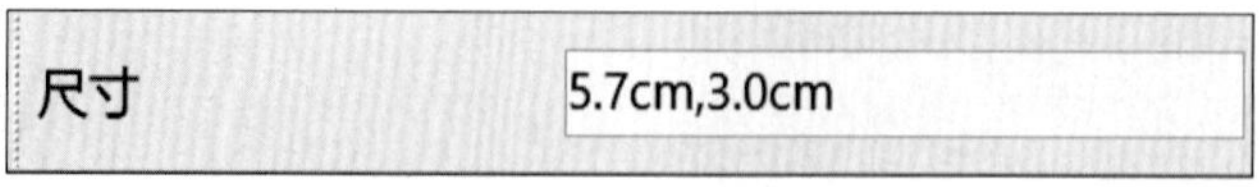

尺寸 5.7cm,3.0cm

图 1-4-48

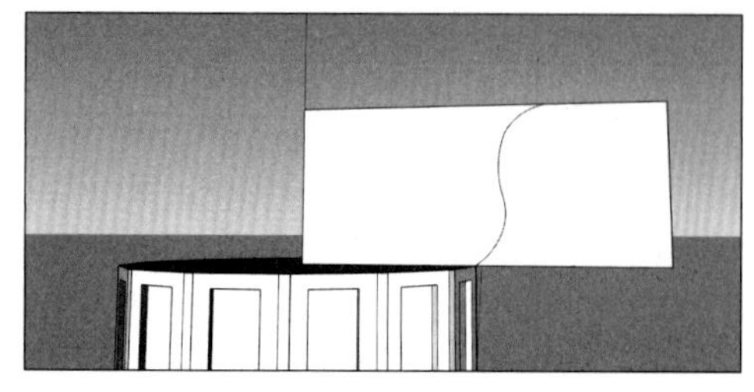

图 1-4-49

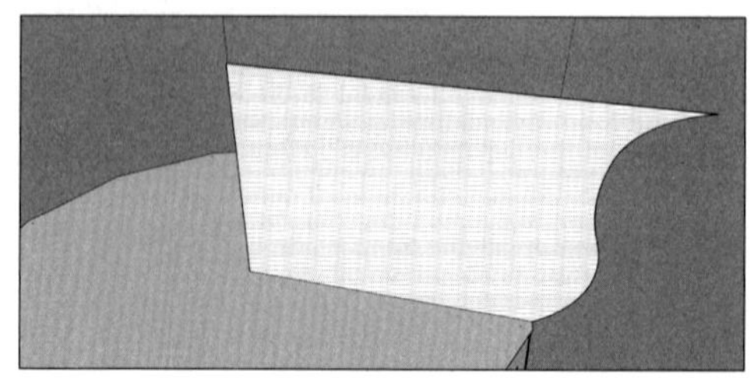

图 1-4-50

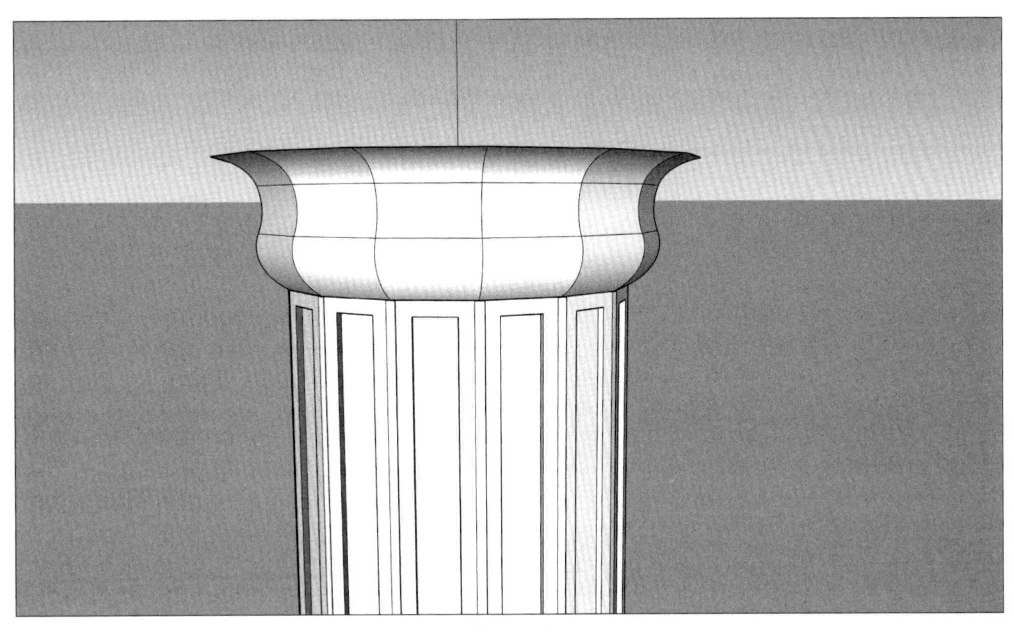

图 1-4-51

（11）使用大工具栏中的工具，推拉出柱头形状，如图1-4-52所示。

（12）用鼠标左键三连击柱头，并单击鼠标右键，执行“创建群组”命令，如图1-4-53所示。

（13）使用大工具栏中的工具，配合“Ctrl”键，复制建立柱基，如图1-4-54所示。

（14）将柱子摆放至建筑物合适的位置，如图1-4-55所示。

（15）使用大工具栏中的工具，配合“Ctrl”键，复制成一组罗马柱，如图 1-4-56所示。

（16）使用大工具栏中的工具，赋予建筑材质。至此，原汇丰银行建模完成，如图 1-4-57所示。

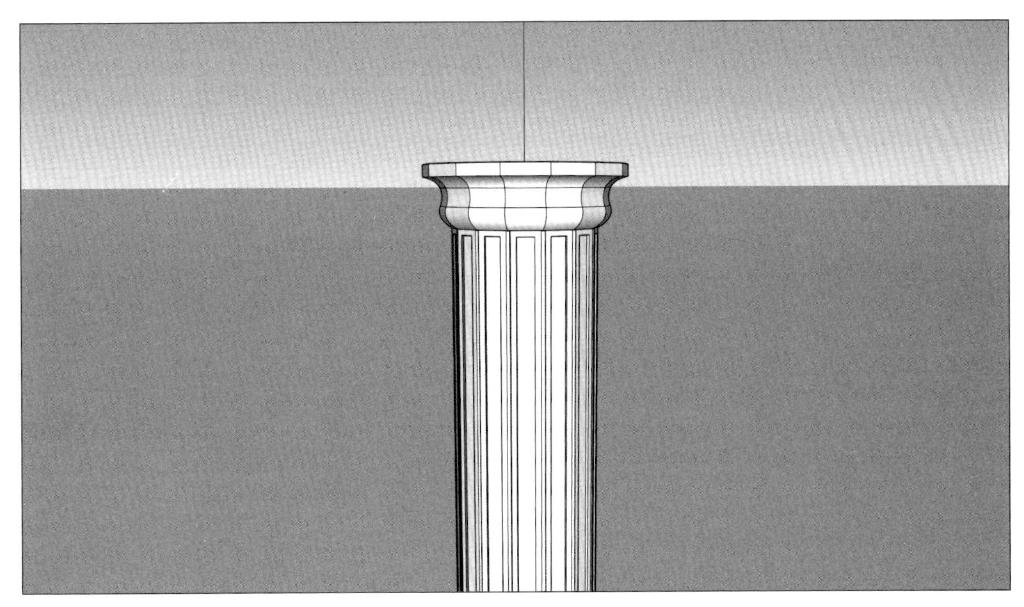

图 1-4-52

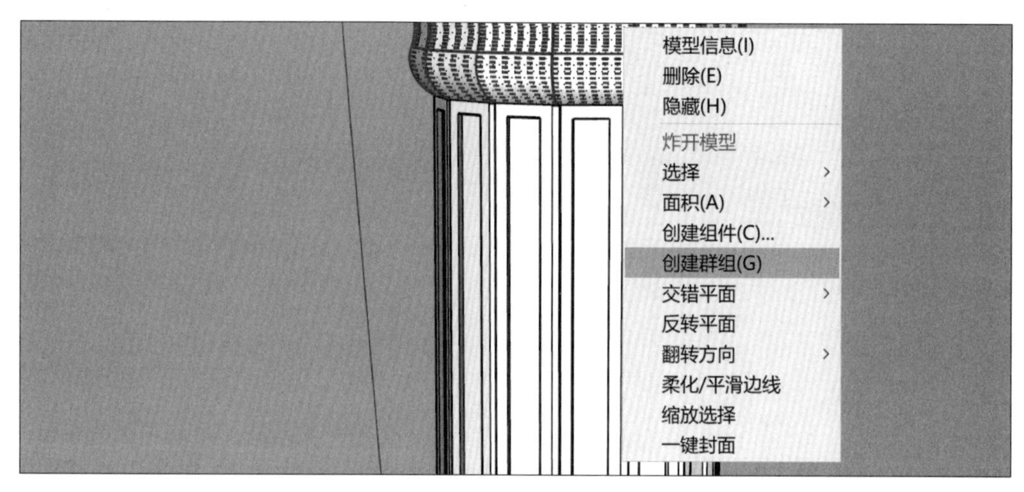

图 1-4-53

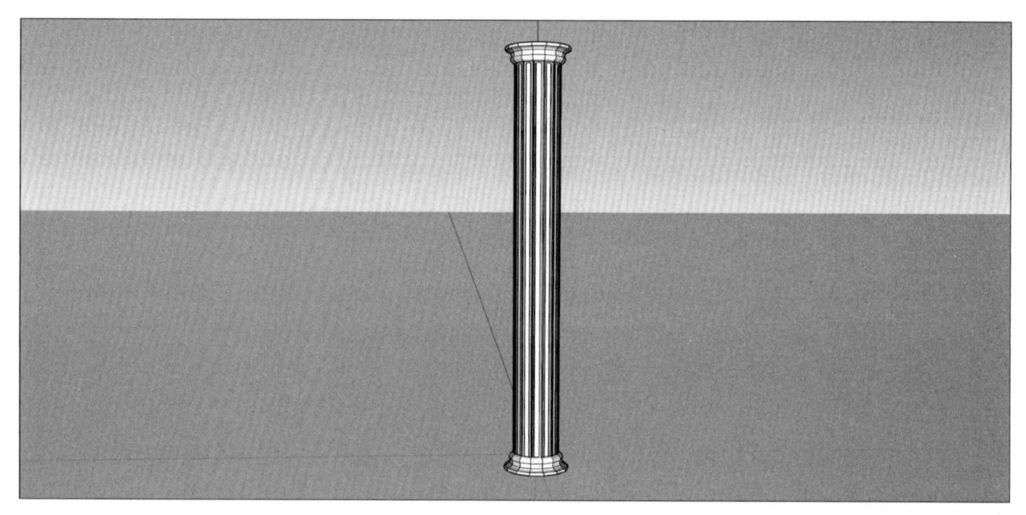

图 1-4-54

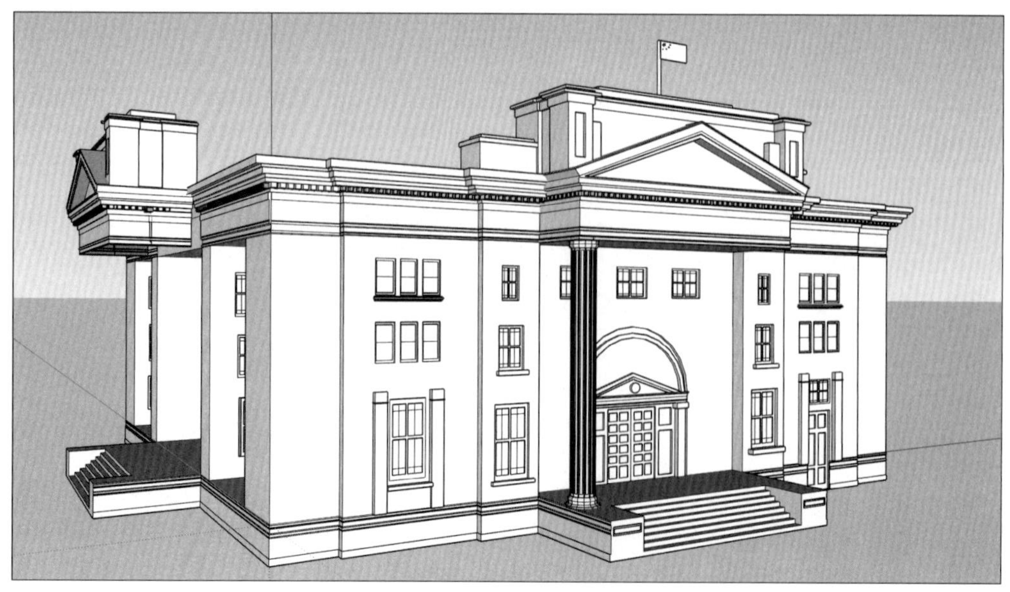

图 1-4-55

图 1-4-56

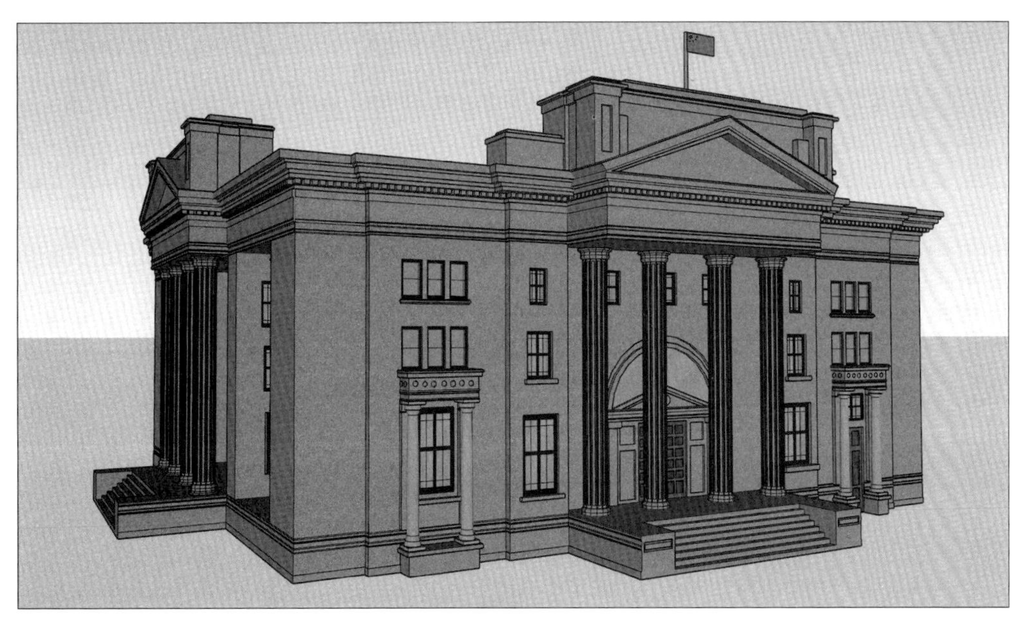

图 1-4-57

第五节　原横滨正金银行模型创建

1）打开 Sketchup 软件，导入原横滨正金银行（现为中国银行天津分行）的 CAD 图纸，如图 1-5-1 所示。

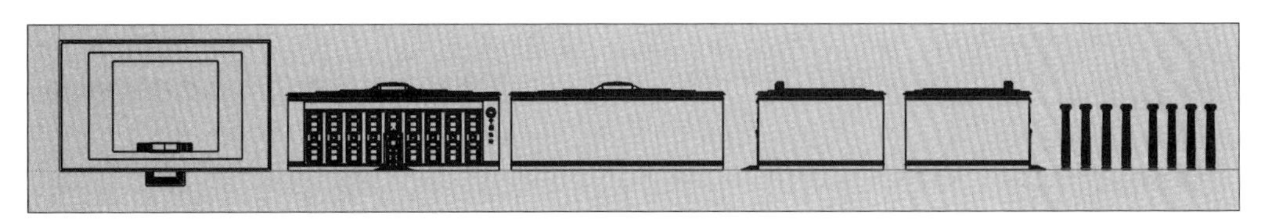

图 1-5-1

2）将不同平面和立面的CAD图纸分别放入不同图层，以避免后续建模时发生混乱。

（1）在“图层”面板中可添加或删除图层，双击图层即可改变图层名称，如图1-5-2所示。

（2）选中北立面图，单击鼠标右键查看“模型信息”，如图1-5-3所示。

（3）更改北立面图的所在图层,如图1-5-4所示。

（4）按照上述步骤将建筑的平面图、北立面图、南立面图、东立面图、西立面图和罗马柱这6个图纸分好图层。

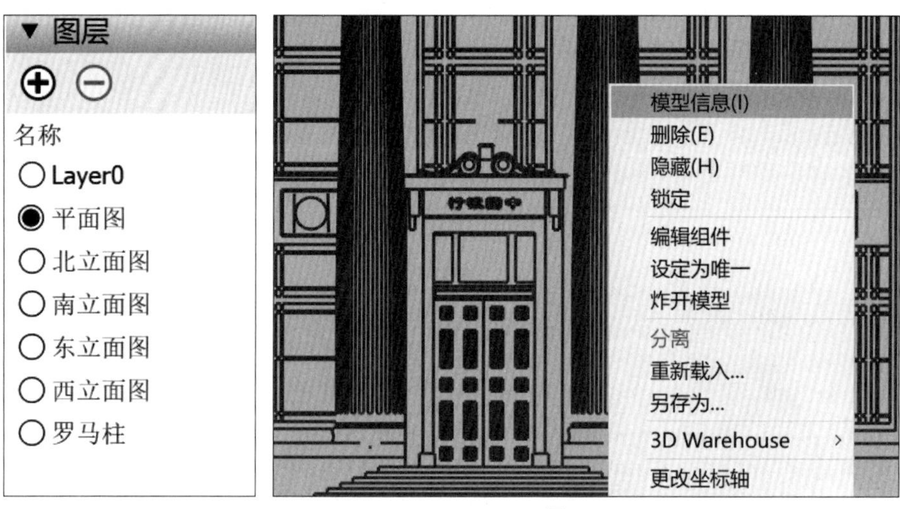

图 1-5-2　　图 1-5-3

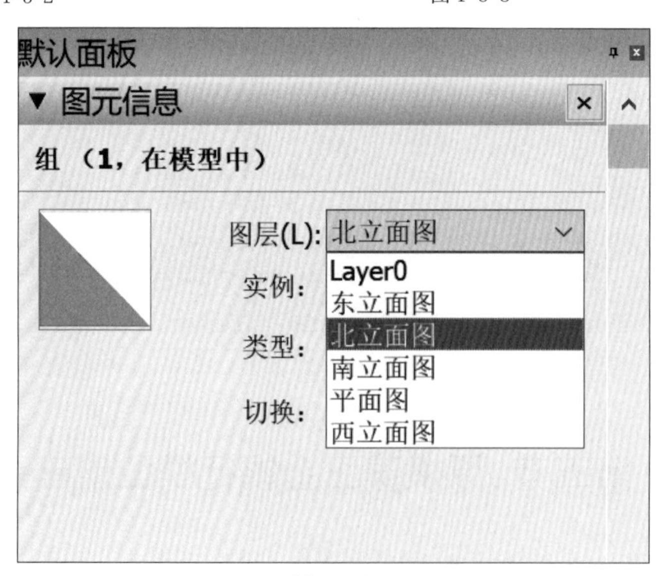

图 1-5-4

3）创建平面。

（1）隐藏其他图层，保留“平面图”图层，如图1-5-5所示。

（2）使用大工具栏中的工具，拉出平面，对CAD图纸进行封面，并将多余面删除，如图1-5-6所示。

（3）使用大工具栏中的工具，推拉平面形成原横滨正金银行模型的大体轮廓，如图1-5-7所示。参数设置如图1-5-8所示。

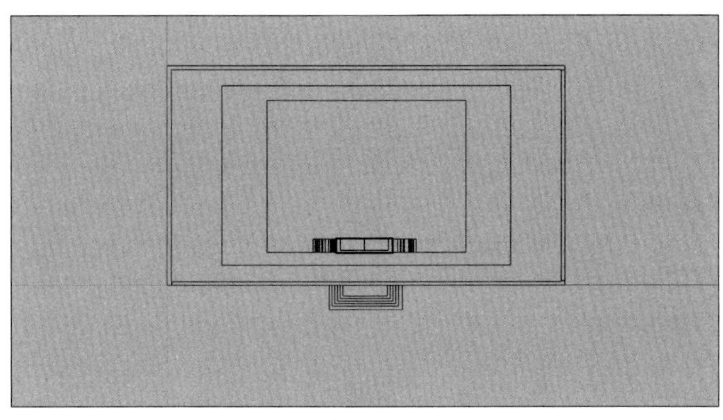

图 1-5-5

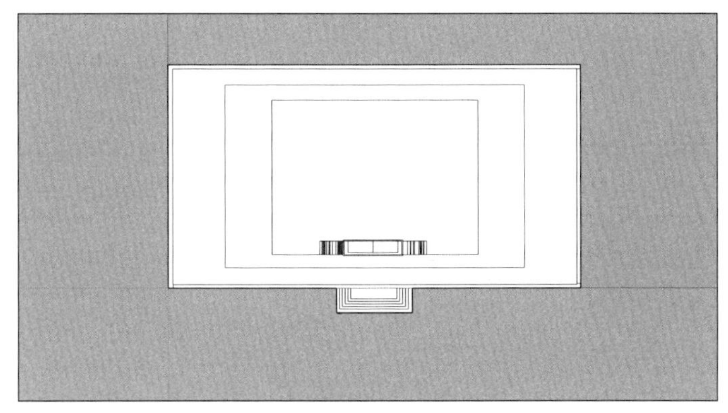

图 1-5-6

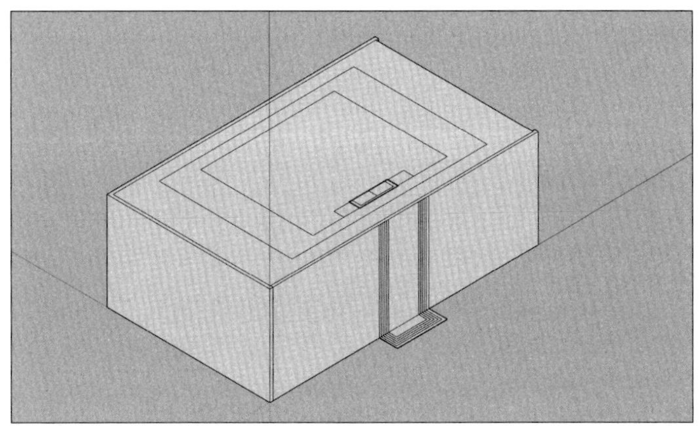

图 1-5-7

长度	188.5cm

图 1-5-8

4）创建立面。

（1）取消隐藏其他面CAD图纸，如图1-5-9所示。

（2）全选各个立面图，使用大工具栏中的工具，将各个面旋转到垂直方向，如图1-5-10所示。

（3）使用大工具栏中的工具，将北立面与模型对齐，如图1-5-11所示。

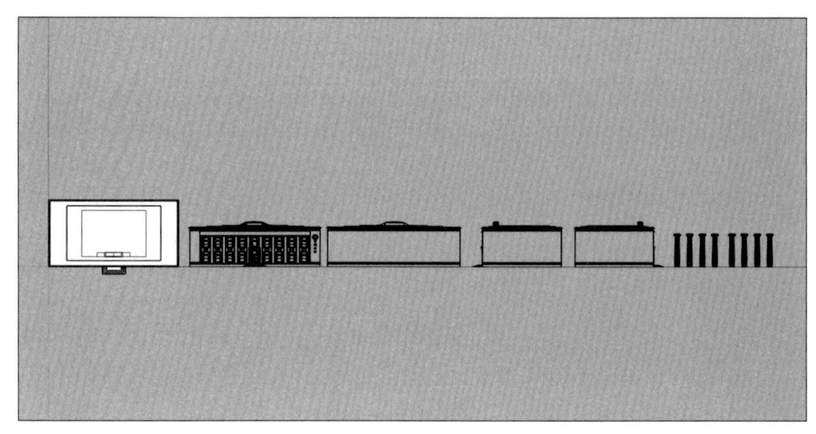

图 1-5-9

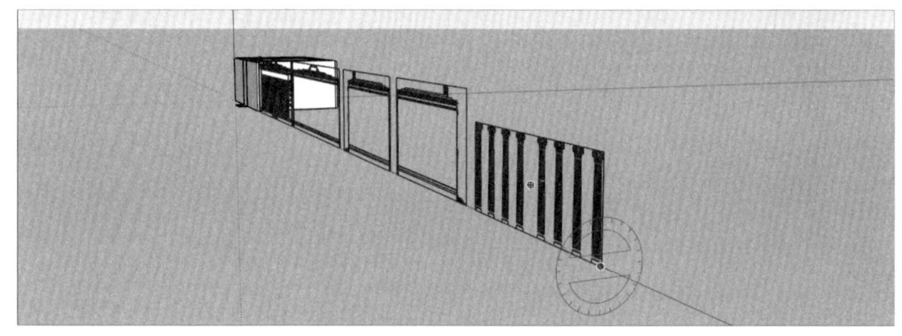

图 1-5-10

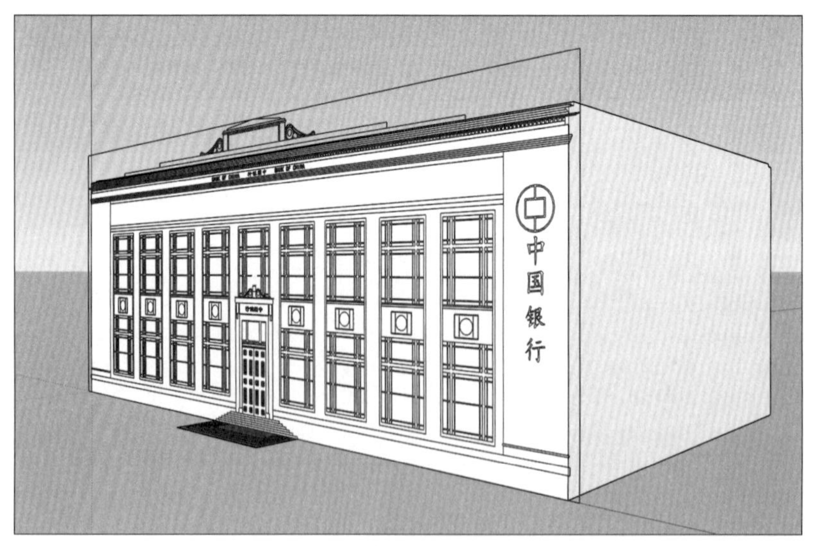

图 1-5-11

5）调整模型外轮廓。

（1）根据北立面图对模型外轮廓进行修改，使用大工具栏中的工具，拉出平面，对CAD图进行封面，并删除多余面，如图1-5-12所示。

（2）使用大工具栏中的，按照平面图位置放置建筑装饰部分，如图1-5-13所示。

（3）使用大工具栏中的工具，对选中的面进行推拉，挤出厚度，如图1-5-14所示。

（4）选择各个立面图，综合使用大工具栏中的及工具，将各立面与模型对齐，如图1-5-15所示。

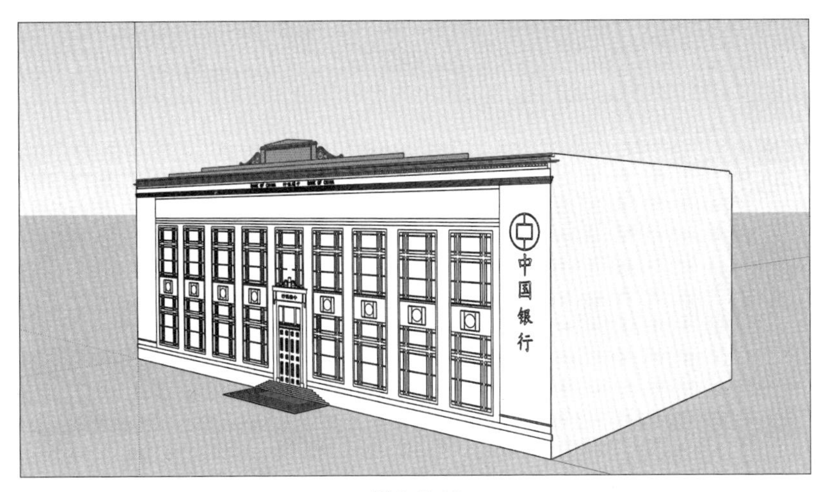

图 1-5-12

图 1-5-13

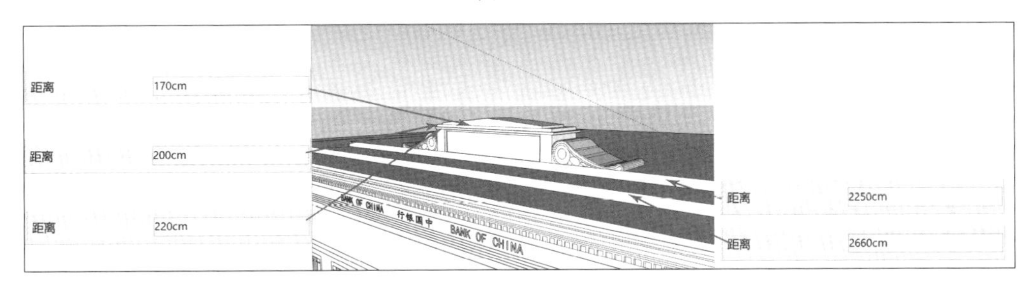

图 1-5-14

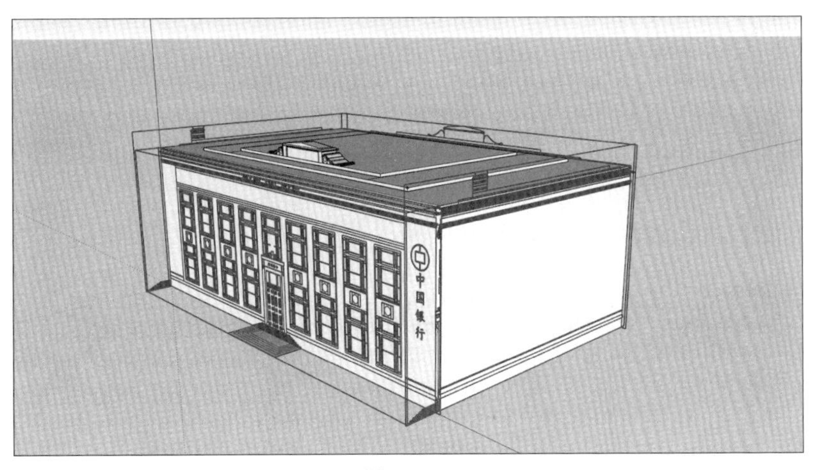

图 1-5-15

6）对窗户进行建模。

（1）单击窗口左上方的“相机”选项，选择“相机”→“标准视图”→“前视图”，如图1-5-16所示。

（2）使用大工具栏中的 工具，按照CAD图纸中窗户的轮廓推拉出窗户的外轮廓，如图1-5-17所示。

（3）使用大工具栏中的 工具，推拉出窗棂的厚度，如图1-5-18所示。参数设置如图1-5-19所示。

（4）使用大工具栏中的 工具，推拉出窗台的厚度，如图1-5-20所示。参数设置如图1-5-21所示。

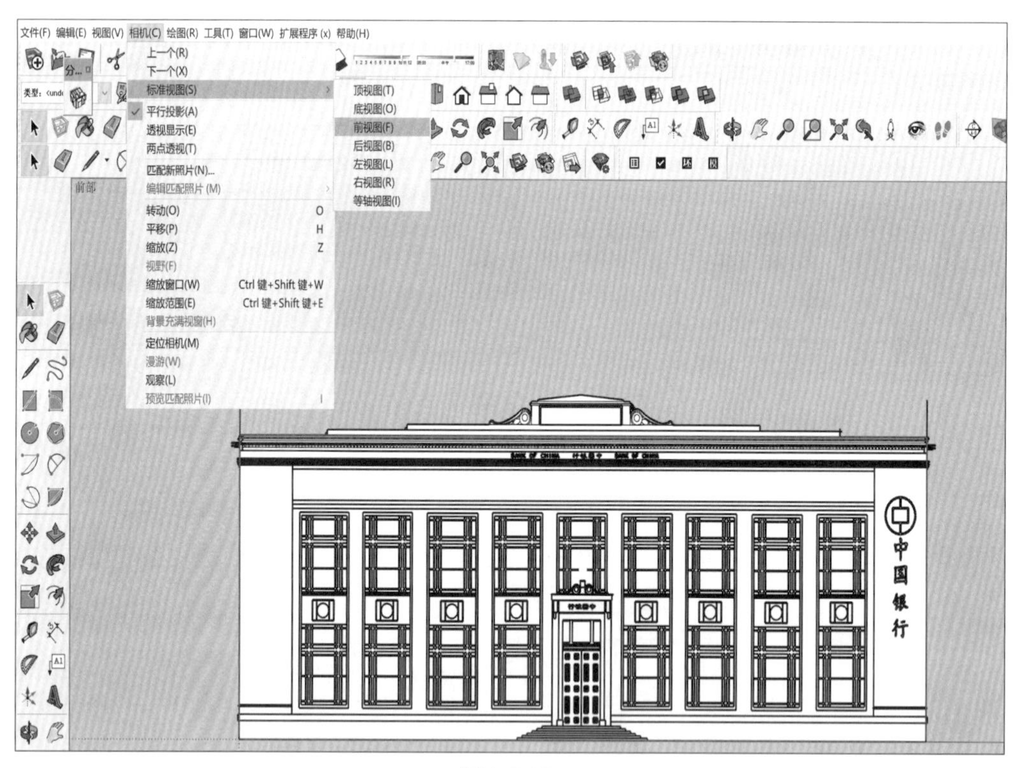

图 1-5-16

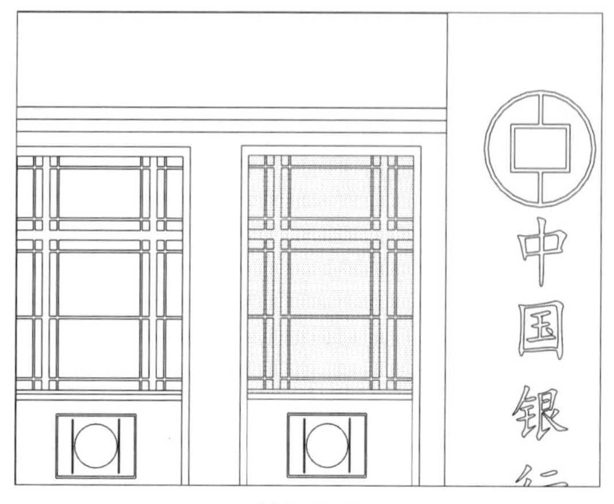
图 1-5-17

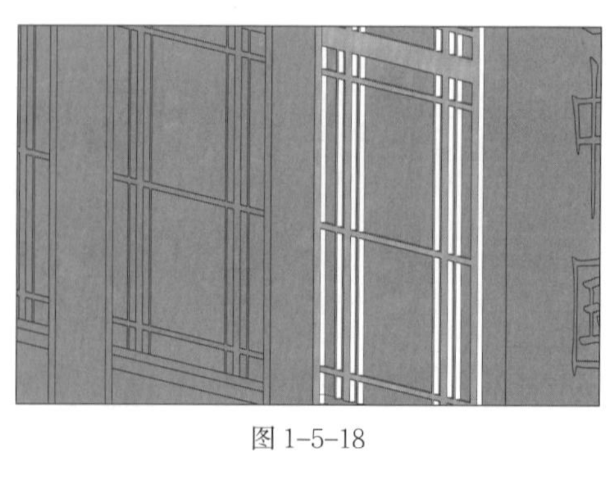

图 1-5-18

图 1-5-19

图 1-5-20

距离	10cm

图 1-5-21

（5）使用大工具栏中的工具，推拉出牌匾的厚度，如图1-5-22所示。参数设置如图1-5-23所示。

（6）使用大工具栏中的工具，赋予整个窗户材质，如图1-5-24所示。

（7）全选窗户后，单击鼠标右键，从弹出的快捷菜单中执行“创建组件”命令，这样就能够在之后的操作中避免窗户与其他部分粘连，如图1-5-25所示。

（8）使用大工具栏中的，配合“Ctrl”键，对窗户进行移动复制，并建立成组，如图1-5-26所示。

（9）使用大工具栏中的工具，配合“Ctrl”键，进行移动复制，并根据CAD图纸进行调整，建立最后一扇窗户，如图1-5-27所示。

图 1-5-22

距离	4cm

图 1-5-23

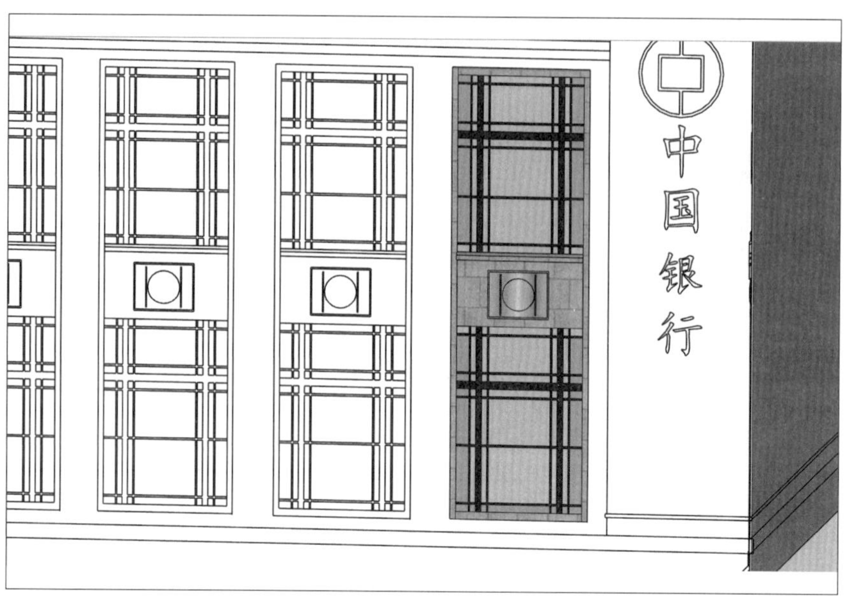

图 1-5-24

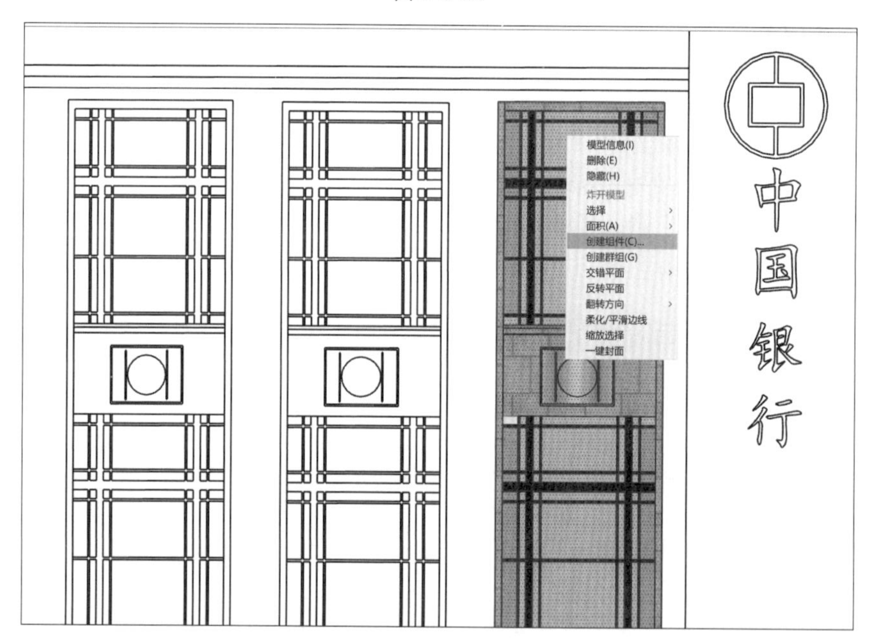

图 1-5-25

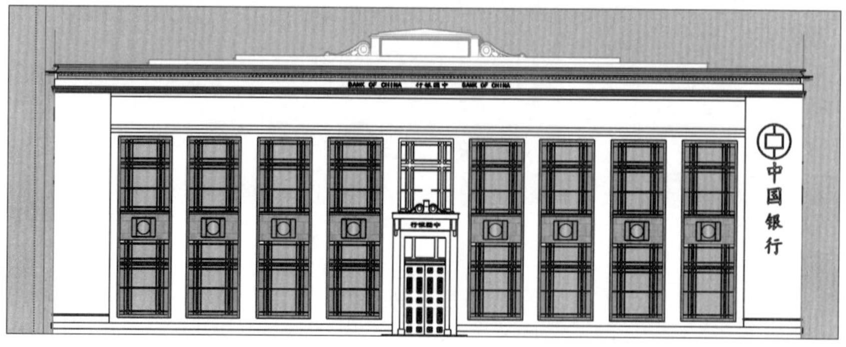

图 1-5-26

图 1-5-27

7）对正门进行建模。

（1）使用大工具栏中的▨工具，按照CAD图纸中门的轮廓对门进行封面，并删除多余面，如图1-5-28所示。

（2）使用大工具栏中的◈工具，根据不同厚度对门的不同面进行推拉，如图1-5-29所示。

图 1-5-28

图 1-5-29

8）对台阶进行建模。

（1）使用大工具栏中的工具，按照CAD图纸中台阶的轮廓对台阶进行封面，并删除多余面，如图1-5-30所示。

（2）使用大工具栏中的工具，根据不同厚度对台阶的不同面进行推拉，如图1-5-31所示。

（3）使用大工具栏中的工具，赋予台阶材质，如图1-5-32所示。

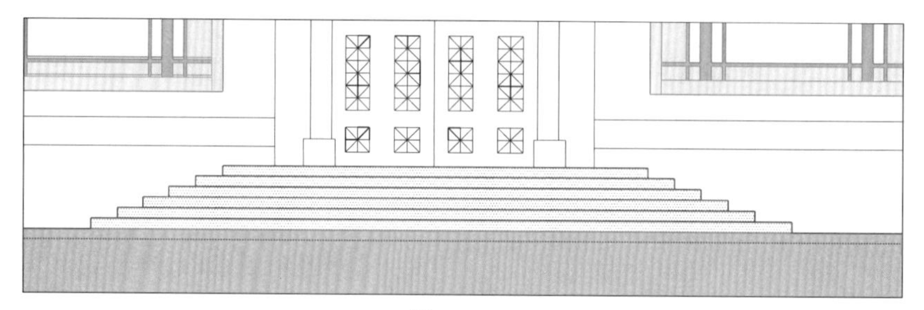

图 1-5-30

图 1-5-31

图 1-5-32

9）对建筑墙体线脚进行建模。

（1）使用大工具栏中的工具，按照CAD图纸中线脚的轮廓对墙体线脚进行封面，并删除多余面，如图1-5-33所示。

（2）使用大工具栏中的工具，根据不同厚度对墙体线脚不同方向的面分别进行推拉，如图1-5-34所示。

（3）使用大工具栏中的工具，赋予墙面材质，如图1-5-35所示。

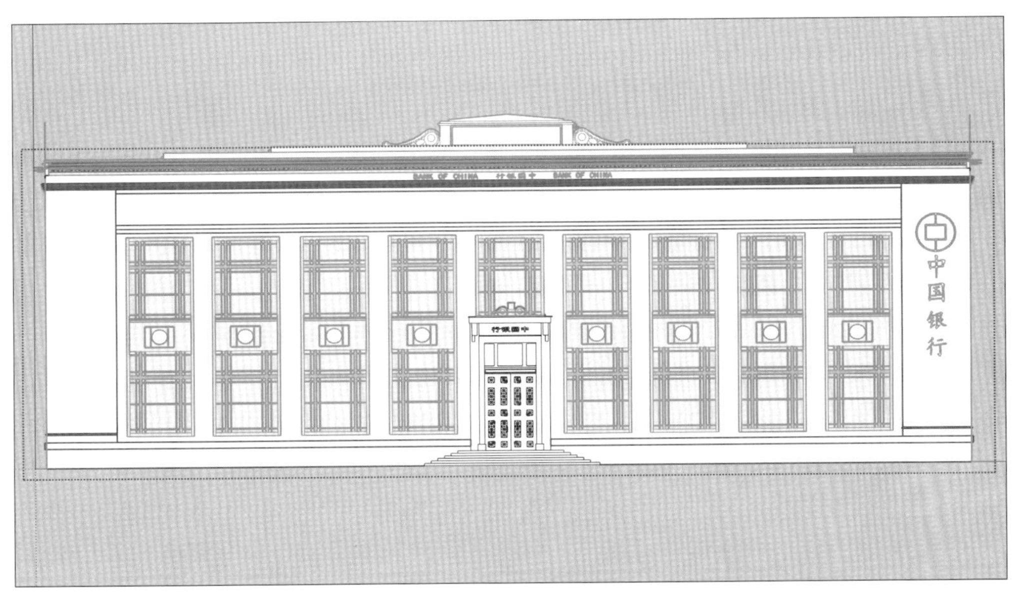

图 1-5-33

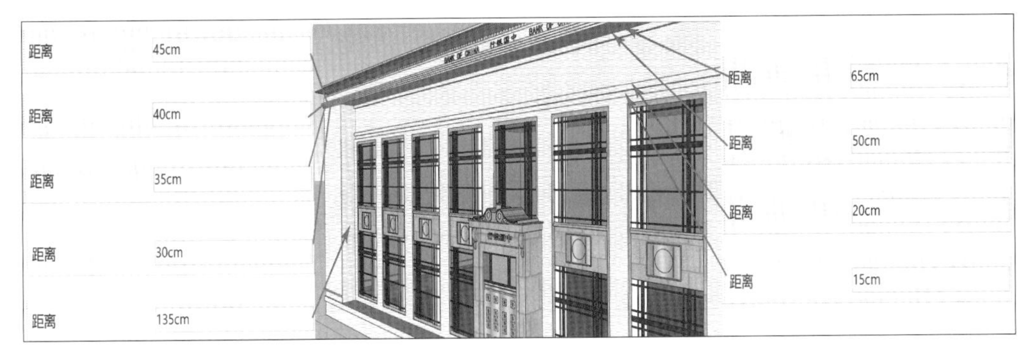

图 1-5-34

图 1-5-35

10）对罗马柱进行建模。

（1）使用大工具栏中的工具，建立罗马柱底面的圆，如图1-5-36所示。参数设置如图1-5-37所示。

（2）使用大工具栏中的，建立柱体高度，如图1-5-38所示。参数设置如图1-5-39所示。

（3）使用大工具栏中的工具，建立小矩形，并单击鼠标右键，在弹出的快捷菜单中执行“创建组件”命令，如图1-5-40所示。

（4）使用大工具栏中的工具，旋转得出其余矩形，如图1-5-41所示。

（5）三连击鼠标左键，进入组件，使用大工具栏中的工具，对矩形进行变形，如图1-5-42所示。

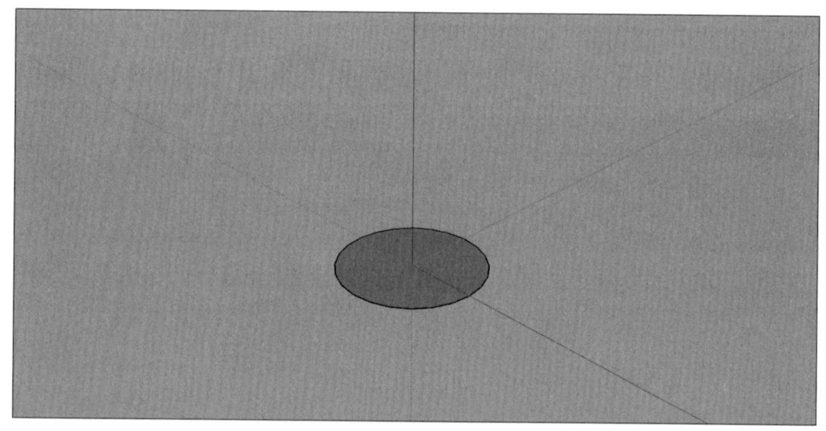

图 1-5-36

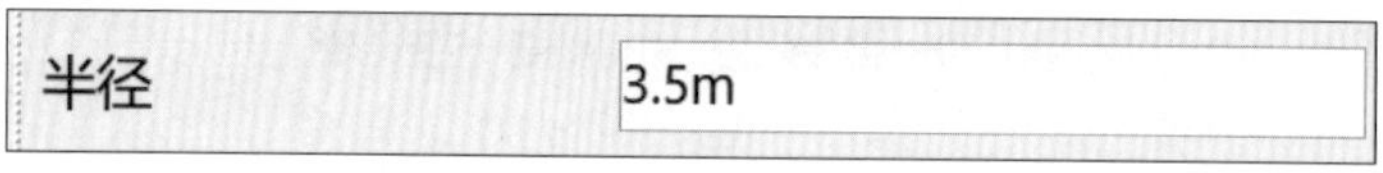

半径	3.5m

图 1-5-37

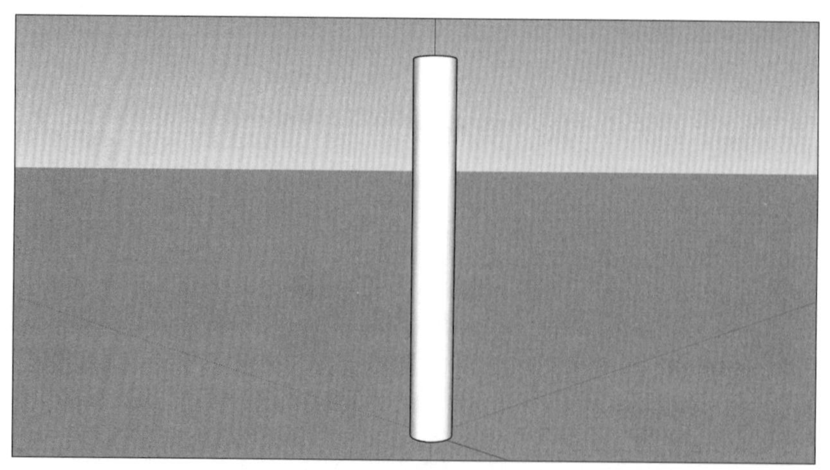

图 1-5-38

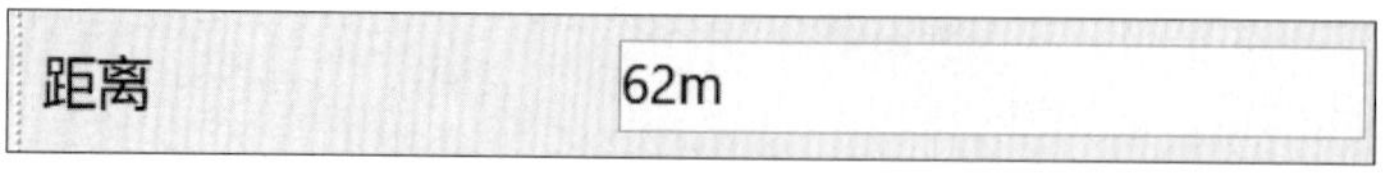

距离	62m

图 1-5-39

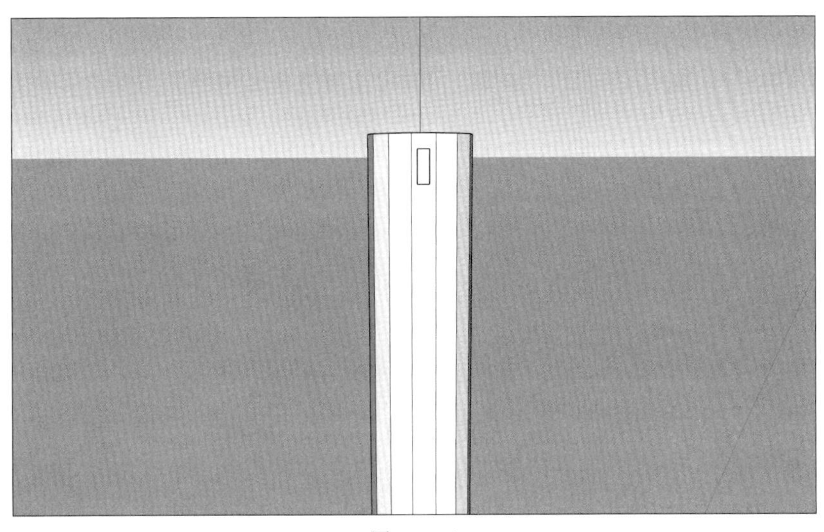
图 1-5-40

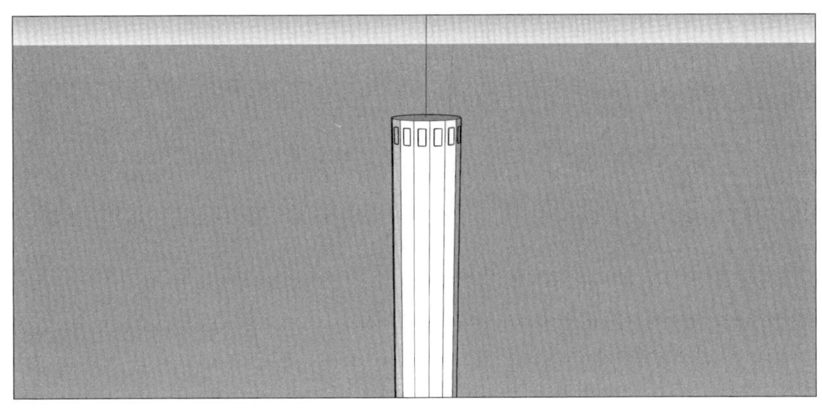
图 1-5-41

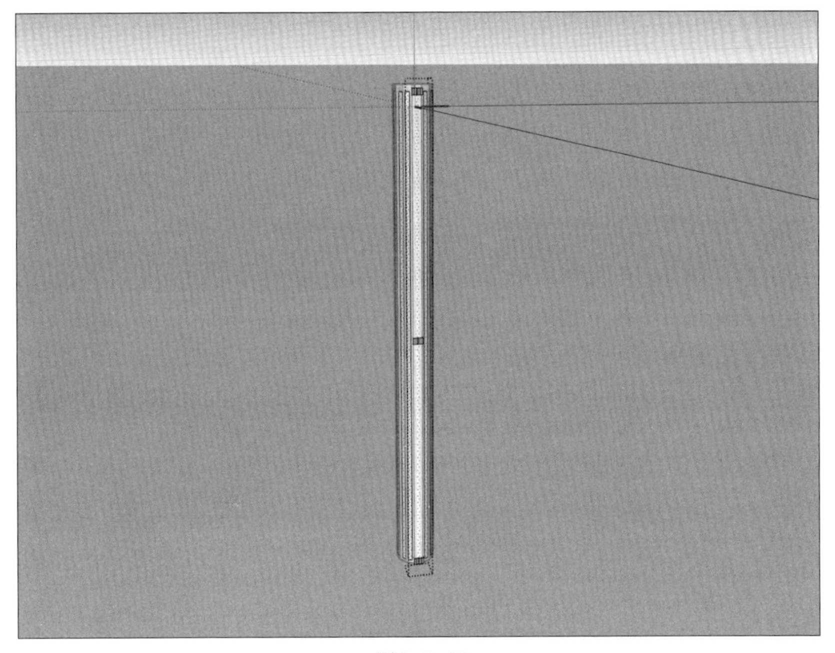
图 1-5-42

（6）使用大工具栏中的工具，对矩形进行偏移，如图1-5-43所示。参数设置如图1-5-44所示。

（7）使用大工具栏中的工具，推拉出凹槽的厚度，如图1-5-45所示。参数设置如图1-4-46所示。

（8）使用大工具栏中的工具，在柱形上方绘制矩形，如图1-5-47所示。参数设置如图1-5-48所示。

（9）使用大工具栏中的工具，在矩形上绘制出柱头曲线，如图1-5-49所示。

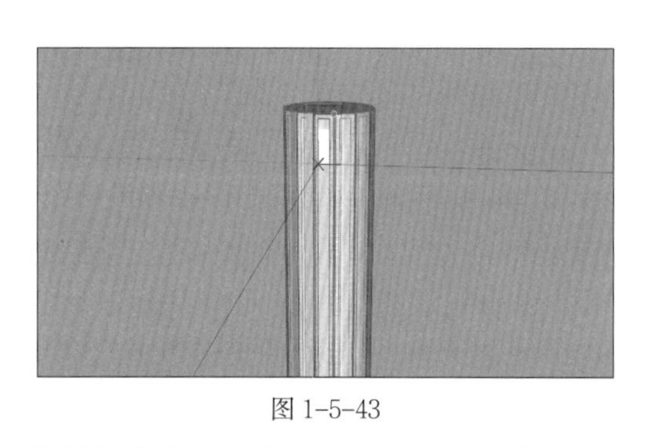

图 1-5-43

距离	1.0cm

图 1-5-44

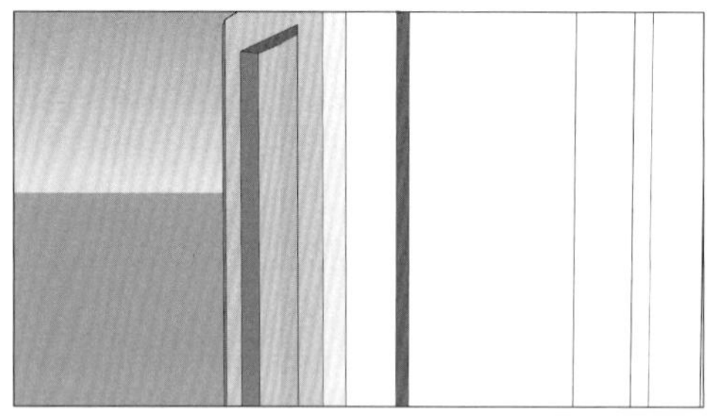

图 1-5-45

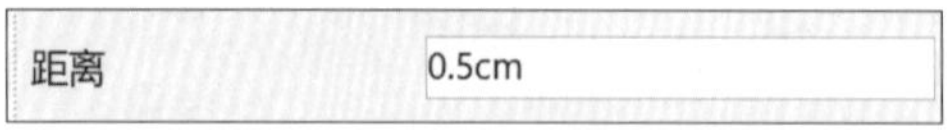

距离	0.5cm

图 1-5-46

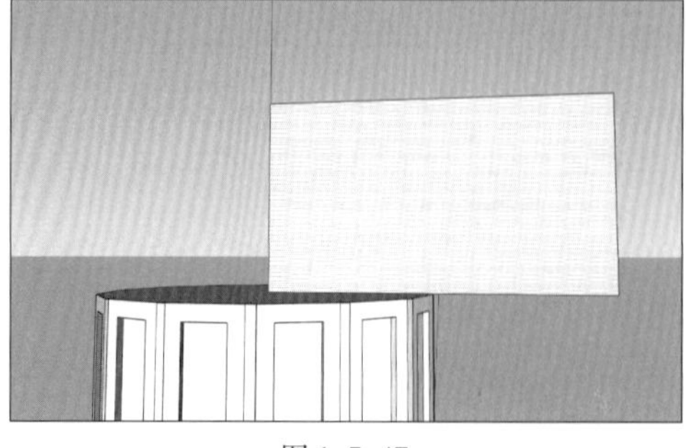

图 1-5-47

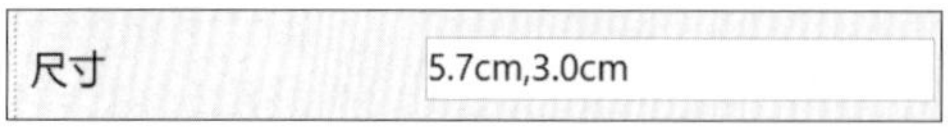

尺寸	5.7cm,3.0cm

图 1-5-48

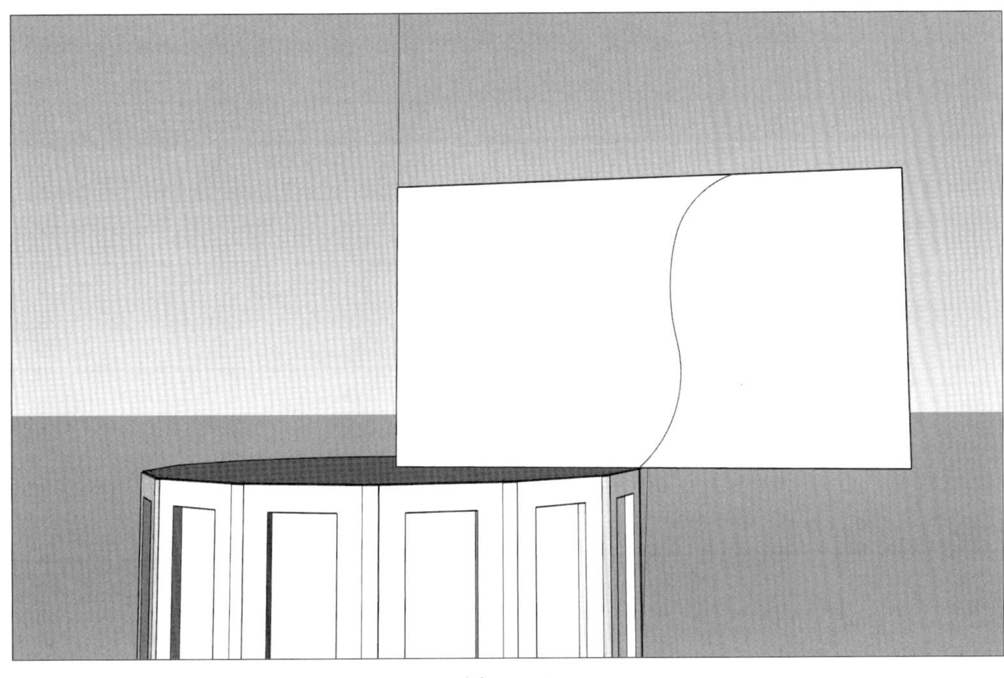

图 1-5-49

（10）使用大工具栏中的，选择圆的边线，单击柱头面，形成柱头，如图1-5-50和图1-5-51所示。

（11）使用大工具栏中的工具，推拉出柱头形状，如图1-5-52所示。

（12）鼠标左键三连击柱头，并单击鼠标右键执行“创建群组”，如图1-5-53所示。

（13）使用大工具栏中的，配合“Ctrl”键，复制建立出柱基，如图 1-5-54所示。

（14）将柱子摆放至建筑物合适的位置，如图1-5-55所示。

（15）使用大工具栏中的工具，配合“Ctrl”键，复制出其他柱子并成组。至此，原横滨正金银行建模完成，如图 1-5-56所示。

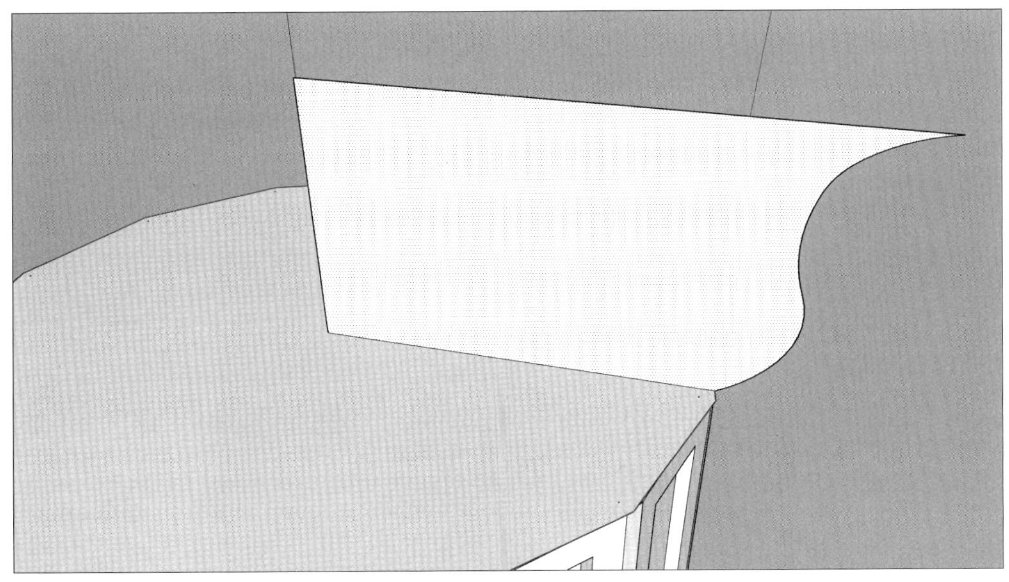

图 1-5-50

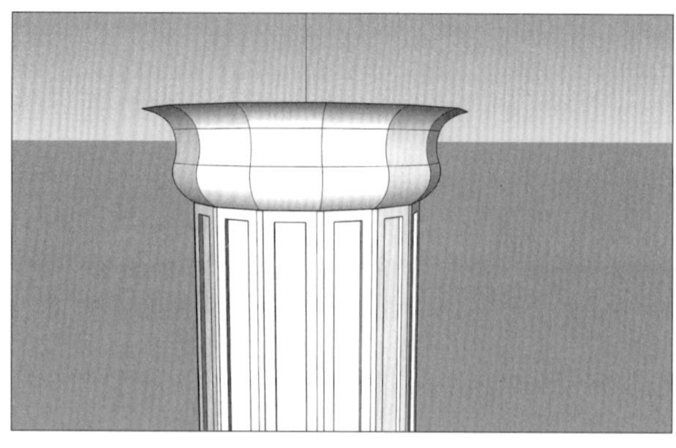

图 1-5-51

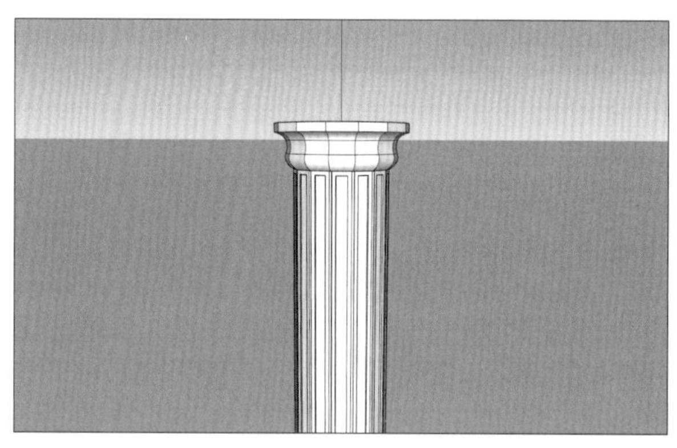

图 1-5-52

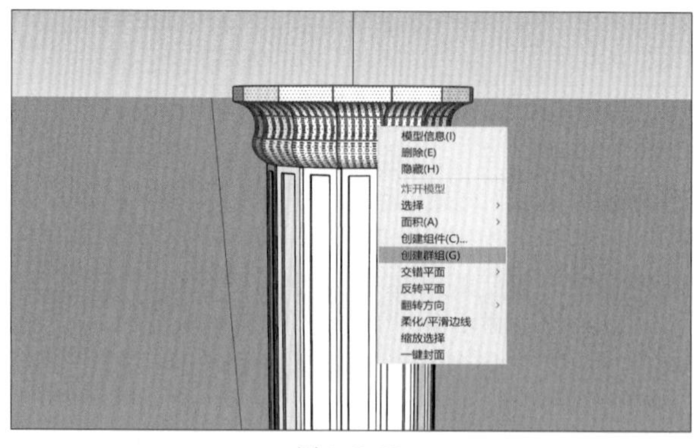

图 1-5-53

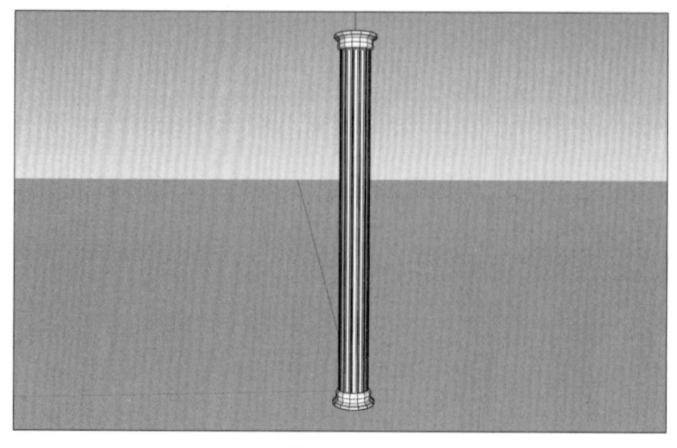

图 1-5-54

图 1-5-55

图 1-5-56

第六节　“银行街”街道景观模型创建

1）打开底图模型，导入已经建立好的建筑模型，如图 1-6-1 所示。

2）为街景模型添加天空背景。

（1）选择“窗口”命令，打开“风格”面板，如图1-6-2所示。

（2）单击“编辑”命令下的“水印设置”命令，如图1-6-3所示。

（3）单击“创建水印”命令，如图1-6-4所示。

（4）选择将水印置于模型后作为背景，修改水印名称，单击“下一步”，如图1-6-5所示。

（5）选择“拉伸以适合屏幕大小”，单击“完成”，如图1-6-6所示。

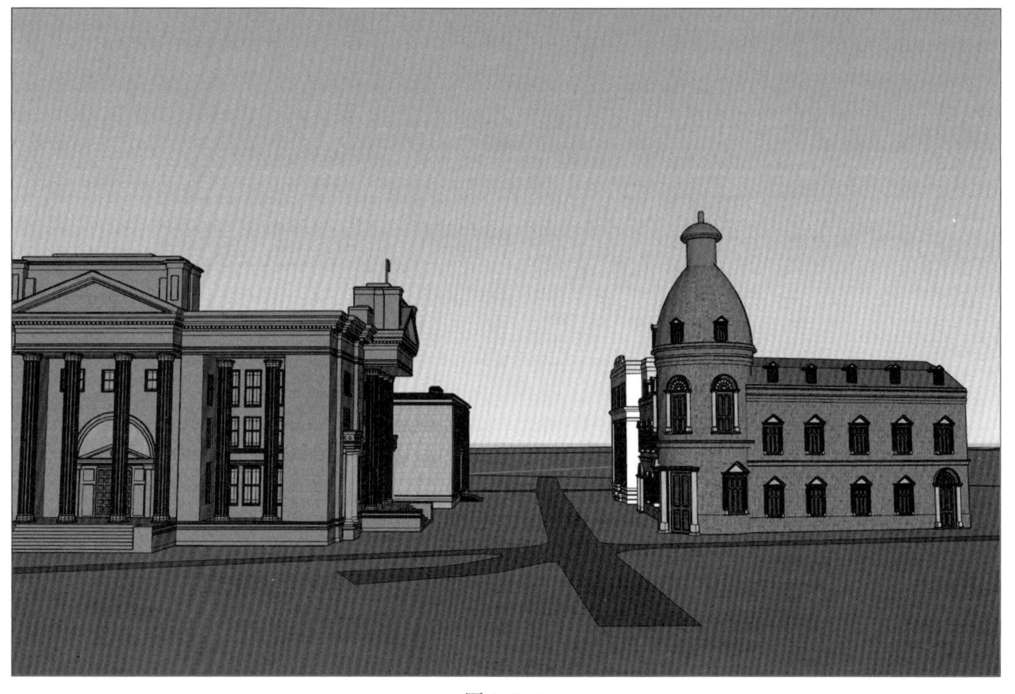

图 1-6-1

图 1-6-2

图 1-6-3

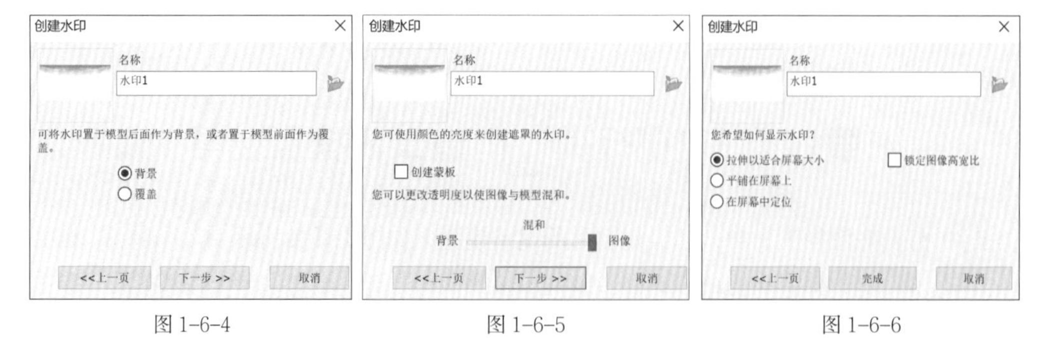

图 1-6-4　　图 1-6-5　　图 1-6-6

3）使用大工具栏中的▨工具，置入非主体建筑，并按照已有的模型位置摆放，如图 1-6-7 所示。

4）对路面进行建模，如图 1-6-8 所示。

5）使用大工具栏中的▨工具，置入红绿灯、垃圾桶等基础服务设施及花坛、路灯等景观小品，并按照已有模型位置摆放。至此“银行街”建模完成，如图 1-6-9 所示。

图 1-6-7

图 1-6-8

图 1-6-9

第七节 漫游动画设置与输出

运用 Sketchup 软件生成漫游动画，主要通过在软件中对不同模型、视角、阴影等视频参数的场景定格，让软件按照定格的场景进行精密运算，最终形成连贯的漫游画面。

1）打开已建立好的建筑及街景模型，如图 1-7-1 所示。

图 1-7-1

2）创建“银行街”漫游动画基础场景。

（1）选择“视图”命令，打开“动画”面板中的“添加场景”选项，如图1-7-2所示。

（2）此时生成第一个场景，系统自动命名其为“场景号1”，如图1-7-3所示。

（3）在场景名称上单击鼠标右键，可进行左移、右移、添加或更新场景等操作，如图1-7-4所示。

（4）选择“窗口”命令，打开“默认面板”中的“场景”按钮可以更改场景选项名称，方便后期对动画的视角等内容进行调整与梳理，如图1-7-5和图1-7-6所示。

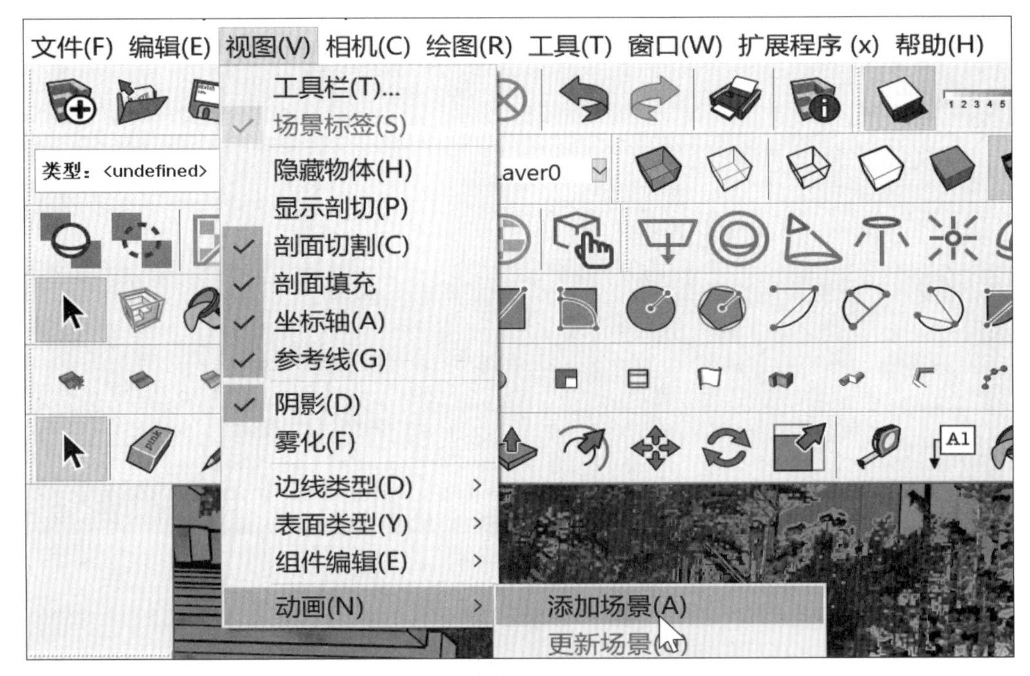

图 1-7-2

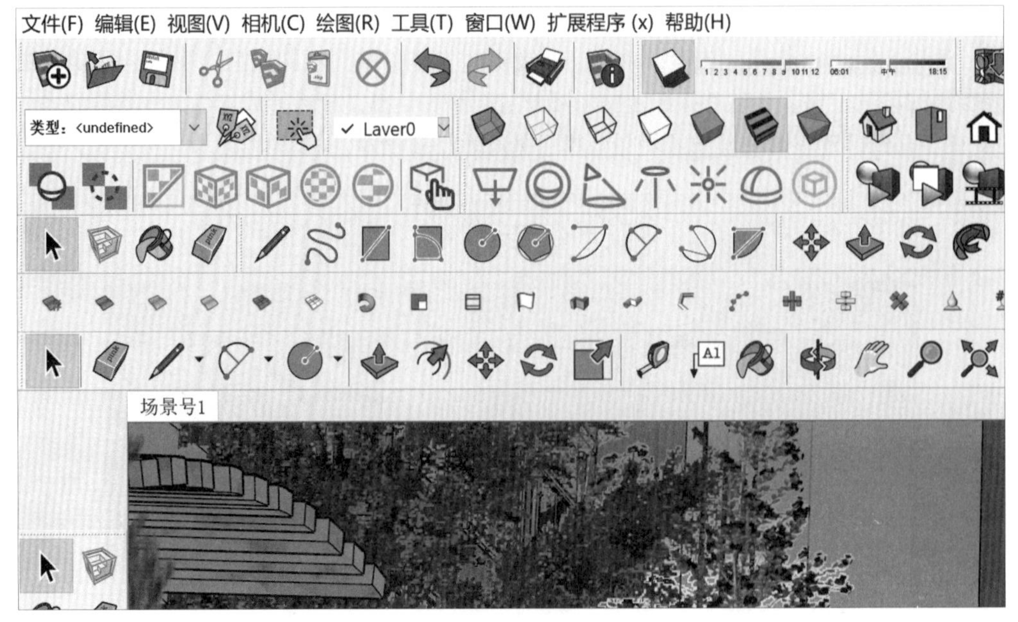

图 1-7-3

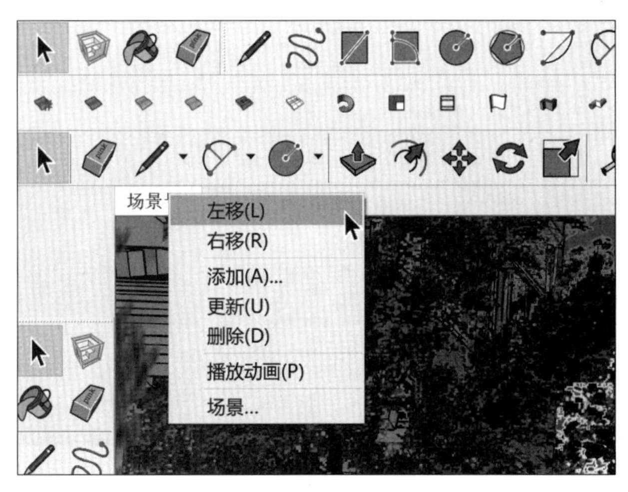

图 1-7-4

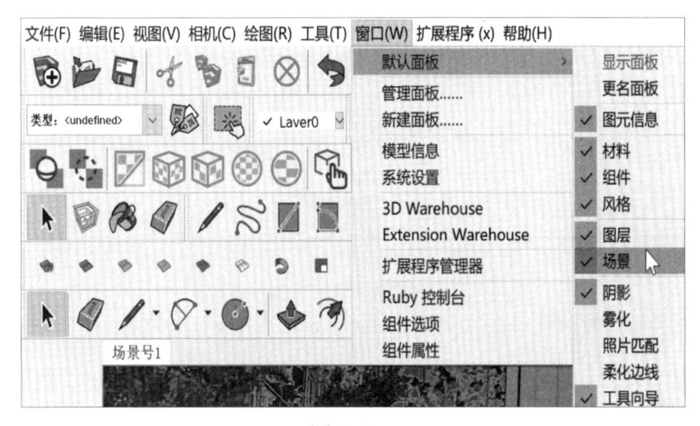

图 1-7-5

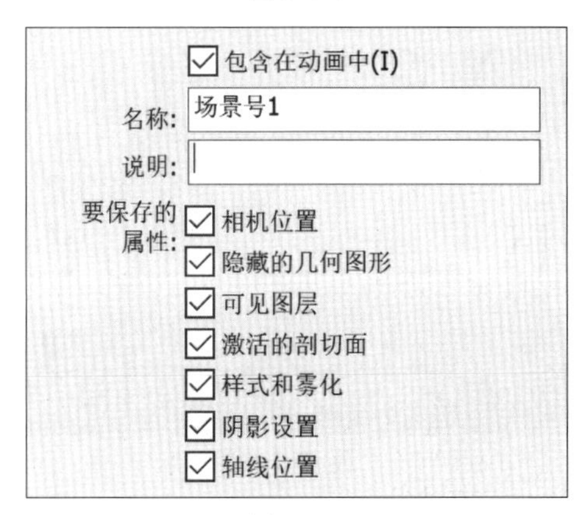

图 1-7-6

3）对主要建筑及街道模型进行场景定格。

（1）对原中央银行进行场景定格，如图1-7-7和图1-7-8所示。

（2）对原华俄道胜银行进行场景定格，如图1-7-9和图1-7-10所示。

（3）对原汇丰银行进行场景定格，如图1-7-11和图1-7-12所示。

（4）对原横滨正金银行进行场景定格，如图1-7-13和图1-7-14所示。

（5）确定主要模型场景后，对街道的其余场景进行定格，以确保漫游画面的连贯性与完整性，如图1-7-15、图1-7-16和图1-7-17所示。

图 1-7-7

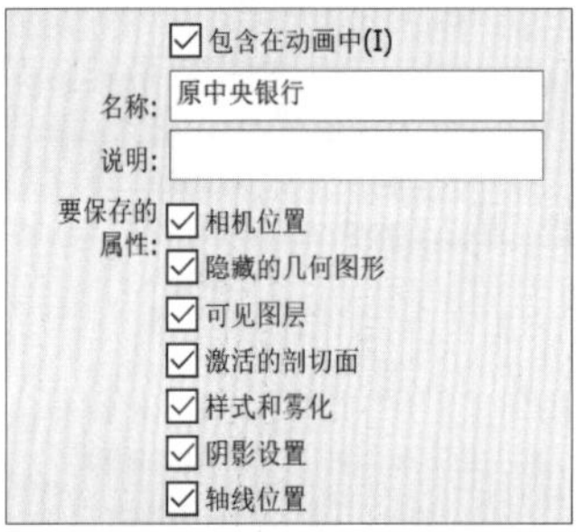

☑ 包含在动画中(I)

名称：原中央银行

说明：

要保存的属性：

☑ 相机位置

☑ 隐藏的几何图形

☑ 可见图层

☑ 激活的剖切面

☑ 样式和雾化

☑ 阴影设置

☑ 轴线位置

图 1-7-8

图 1-7-9

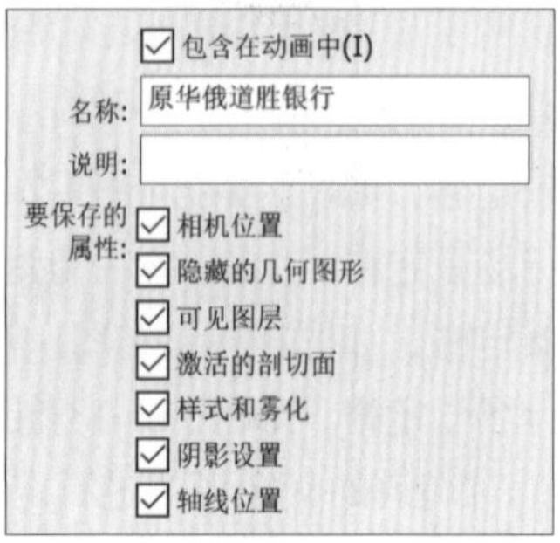

☑ 包含在动画中(I)

名称：原华俄道胜银行

说明：

要保存的属性：

☑ 相机位置

☑ 隐藏的几何图形

☑ 可见图层

☑ 激活的剖切面

☑ 样式和雾化

☑ 阴影设置

☑ 轴线位置

图 1-7-10

图 1-7-11

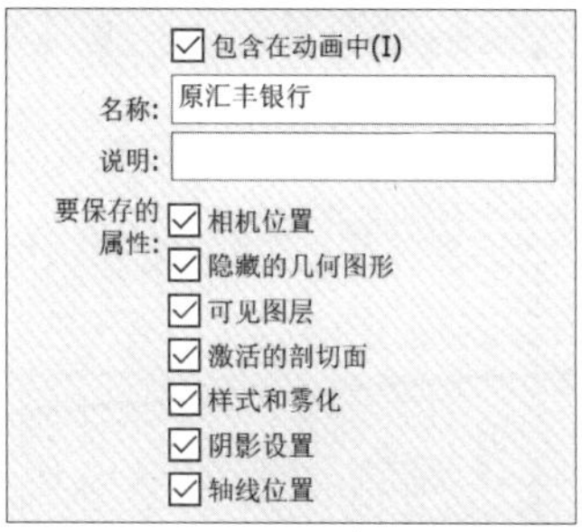

☑ 包含在动画中(I)

名称：原汇丰银行

说明：

要保存的属性：
☑ 相机位置
☑ 隐藏的几何图形
☑ 可见图层
☑ 激活的剖切面
☑ 样式和雾化
☑ 阴影设置
☑ 轴线位置

图 1-7-12

图 1-7-13

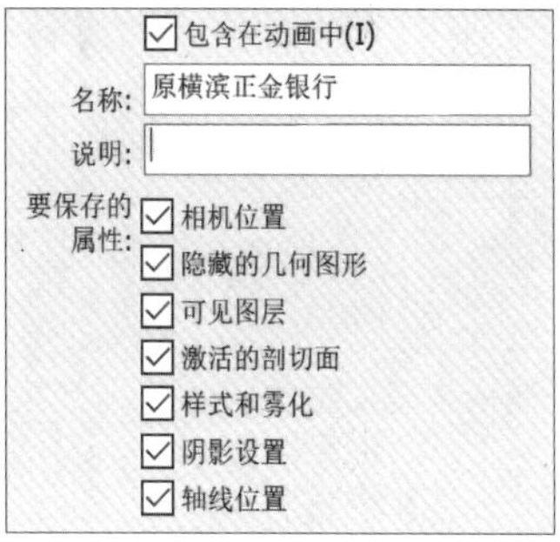

☑ 包含在动画中(I)

名称：原横滨正金银行

说明：

要保存的属性：
☑ 相机位置
☑ 隐藏的几何图形
☑ 可见图层
☑ 激活的剖切面
☑ 样式和雾化
☑ 阴影设置
☑ 轴线位置

图 1-7-14

图 1-7-15

图 1-7-16

图 1-7-17

4）输出“银行街”漫游动画。

（1）选择“文件”命令，打开“导出”面板下的“动画”选项，选择“视频”模式，如图1-7-18所示。

（2）根据需要选择合适的视频格式，此处选择Mp4文件格式，如图1-7-19所示。

（3）单击“选项”按钮，设定分辨率等视频参数，之后单击“确定”按钮导出文件，如图1-7-20所示。

（4）生成“银行街”漫游动画视频，如图1-7-21所示。

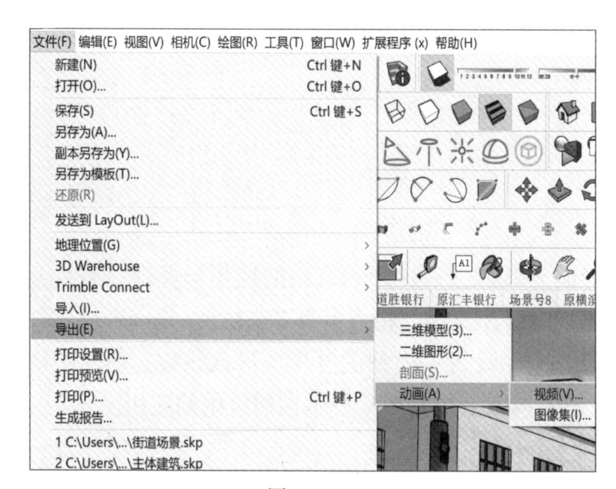

图 1-7-18

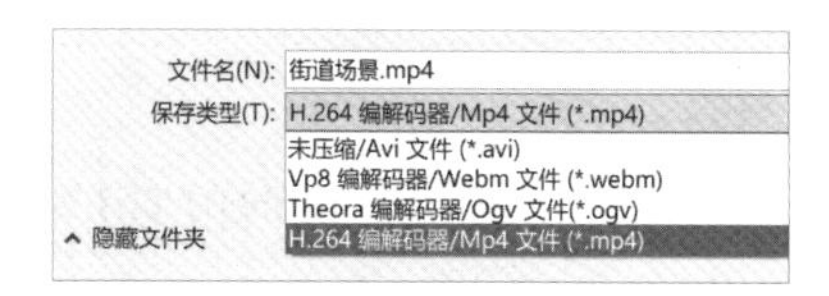

图 1-7-19

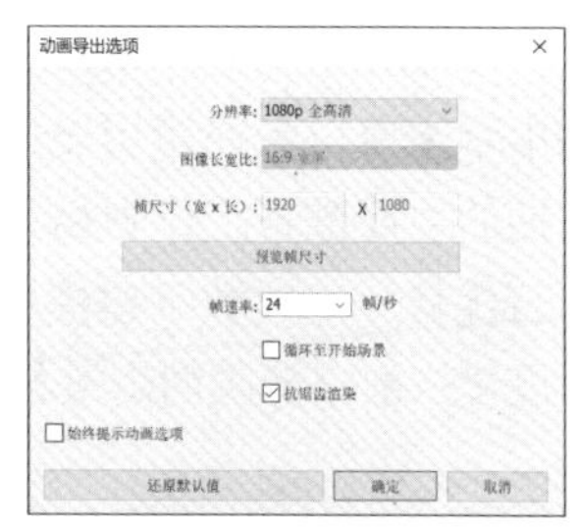

图 1-7-20

图 1-7-21

扫码观看视频

第二章
天津市静园虚拟现实

本章主要以天津市历史风貌建筑静园为载体，讲述原始资料的搜集与整理；项目开展前期的主要准备工作和相关知识掌握；根据建筑物的特点发挥 3ds Max、Sketchup 软件的各自优势，完成数字建模；材质编辑与贴图设置；模型的导出与导入设置；UE4 中的各项设置；数字静园的烘焙与打包；最终实现虚拟仿真现实技术在建筑中的应用。

第一节　静园概况

一、静园的历史概况

静园，初名“乾园”，坐落于天津市和平区鞍山道 70 号，如图 2-1-1 所示。静园始建于 1921 年，是天津市特殊保护级别的历史风貌建筑、天津市重点文物保护单位、国家 AAA 级旅游景区。静园占地面积约 3016m^2，建筑面积约 1900m^2，为北洋政府驻日公使陆宗舆所建。1919 年五四运动爆发后，陆宗舆到天津做了寓公。1921 年，他在日租界宫岛街（今天津市鞍山道）建起了豪宅，并取名“乾园”，其名有“浩瀚乾坤、汇聚一园，人杰地灵、颐养天年”之意。

图 2-1-1

1929年7月，末代皇帝溥仪携皇后婉容、淑妃文绣于此居住，“乾园”被更名为“静园”。

1949年，天津解放，静园被人民政府接收，主楼作为市总工会办公楼使用，平房则成为职工宿舍。1966年，市总工会迁至大沽路后，静园先后成为市总工会职工宿舍、天津日报社职工工作和生活用房。20世纪90年代，这里居住着45户住户，私搭乱建现象严重，成了名副其实的大杂院，已经无法看出静园原来的模样，如图2-1-2和图2-1-3所示。

2006年，依据《天津市历史风貌建筑保护条例》，天津市历史风貌建筑整理有限责任公司开始对静园进行整体保护性腾迁，至2006年10月，静园的整体腾迁工作顺利完成。2006年8月至2007年6月，该公司依据修旧如旧、安全适用的原则对静园进行了保护性整理，不仅对屋顶破损、架构老化、墙体开裂、地面沉降等问题进行加固修缮，还将建筑中原有的菲律宾门窗、玻璃、五金配件及地砖等构件进行了妥善复原与编号整理。

2007年7月，修缮后的静园作为国家AAA级景区对公众进行开放，并先后获得中国旅游品牌魅力景区、天津市爱国主义教育基地、天津市科普教育基地等荣誉称号。

图2-1-2

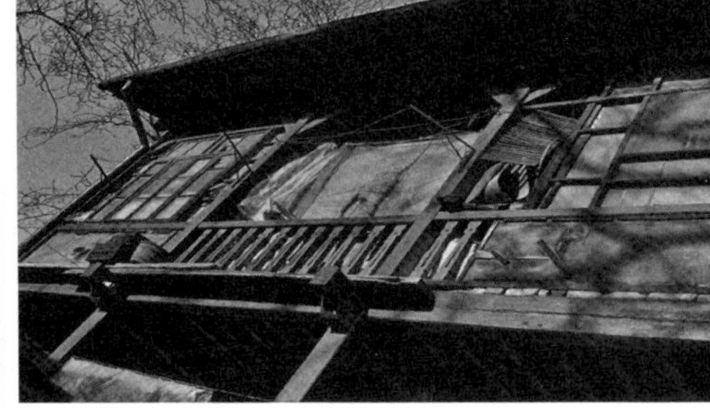

图2-1-3

二、静园的建筑风格

静园内主要建筑为前后两幢砖木结构的二层西式小楼及书房、库房等，为三环套月式三道院落，即前院、后院和西侧跨院。静园主体为西班牙式二层（局部三层）砖木结构，西半部为通天木柱的外走廊，东半部为封闭式。前院是西式风格的花园，园内种植着杨树、槐树、丁香树，并设置藤萝架、葡萄架等，甬道用鹅卵石铺砌而成。东北面建有传达室、厨房、汽车库和网球场。后院内修建了一段小游廊和前院隔开。

静园的建筑主体属于折中主义风格，门窗等细部构件和室内装饰呈现出典型的日本木结构建筑特征，朴素而自然。舒缓的屋顶、主立面退台式的结构、红陶筒瓦、点缀的拱券、粗犷的手工抹灰墙面等，又具有明显的西班牙中世纪建筑特征，如图2-1-4至图2-1-7所示。静园是砖木结构的建筑群，木构件的使用是其建筑结构的一大特点。木构建筑除了表现出自身特有的自然质朴的天然特性外，还经过了艺术的加工与组合，展现了节奏和韵律的变化。静园的窗饰很有特点，有单券的形式也有罗马风格的连续券的形式。窗扇有矩形的，也有弧形的，还有以菱形木头划分的，颇具日本建筑的风格。主入口两侧的铸铁窗护栏图案生动，展露出新艺术运动的痕迹。游廊两壁是对称的连续半圆拱门，前院和西跨院可互相通视。西跨院内有砌筑的龙形喷泉和花台大花盆等。游廊的另一端是一座典型的日本式花厅，厅前设有假山。所有的墙面包括围墙都是清水台子，墙身由水泥砂浆扒拉石饰面。阳台栏板部分则用小青瓦砌成鱼鳞状花纹或用大方砖雕刻装饰，带有中国建筑的特色。

图 2-1-4

图 2-1-5

图 2-1-6

图 2-1-7

第二节 数字静园项目的准备工作

制作每一个虚拟项目之前，设计师都需要进行一系列的准备工作，包括确定项目的管理规范、数字模型的三维制作方式，以及项目内贴图等内容的命名办法。虚拟项目的制作是一件非常繁杂的系统性工作，模型、贴图等元素数不胜数，而且可能还需要多人团队合作，进行工作衔接等。因此只有非常有序且标准地处理这些元素项目，才不会在之后的制作过程中出现严重的问题。

一、数字项目管理规范

开始一个大型数字虚拟项目时，制定严格的命名规范是重要的一环。项目开始后，所有文件的命名、文件夹的制作、项目进程的安排等均需要按照标准和规范进行，以便多人合作时进行工作交流与交接，避免出现管理方面的问题。例如，文件及文件夹均以英文或汉语拼音的方式进行命名，如图 2-2-1 所示。

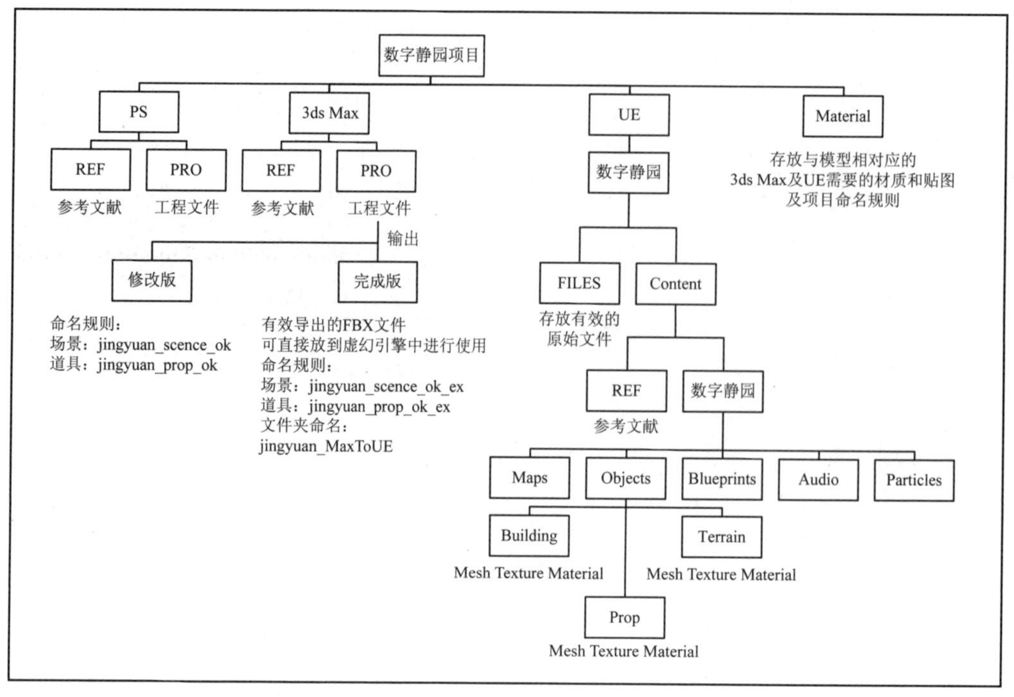

图 2-2-1

二、数字模型制作标准

(一) 统一制作单位

在开始制作所有内容之前，首先需要确认制作软件的单位，本次项目使用“毫米”为制作标准单位，需要将软件 3ds Max 及 Sketchup 的默认制作单位改为“毫米”。以 3ds Max 为例，在主菜单栏内找到“自定义”菜单栏，选择“单位设置”，如图 2-2-2 所示。进入“单位设置”界面后，将“显示单位比例”改为“毫米”，如图 2-2-3 所示。下划进入“系统单位设置”选项，设置“1 单位 =1.0 毫米”，如图 2-2-4 所示。

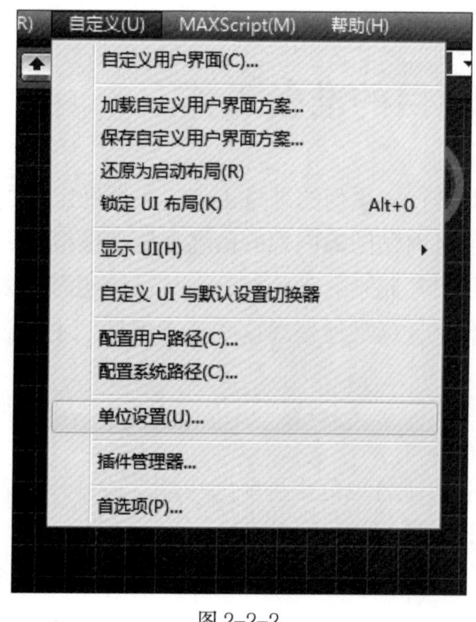

图 2-2-2

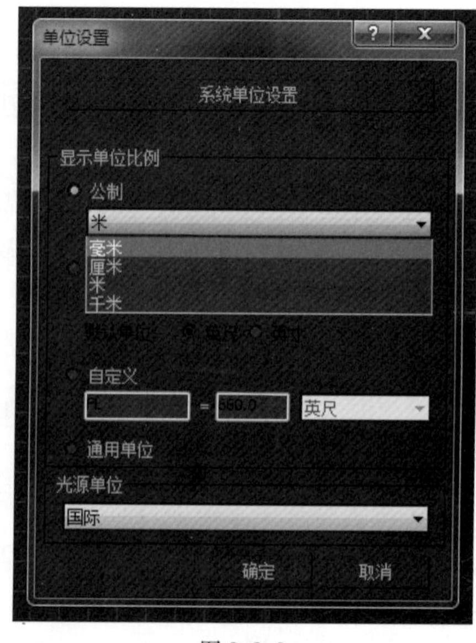

图 2-2-3

（二）面片创建管理

在制作数字模型的过程中，难免会产生一些不需要或看不到的面。如遇到此类情况，需要将这些面片进行删除，避免设备运行最终程序时产生额外的负担，提高场景运行的流畅度。例如一些墙体的底面、内侧面或整栋建筑不可进入或看不到的室内空间等，均不必创建。

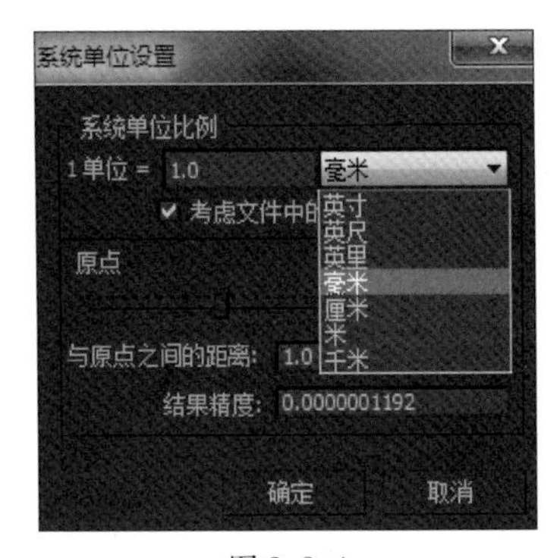

图 2-2-4

（三）模型创建规范

创建模型时应将创建的模型统一转变为可编辑的多边形，以方便对模型进行 UV 展开、赋予贴图、导入 UE4 等后续操作。模型创建好后还要对模型的修改栈进行塌陷处理，防止在导出模型时出现不可预测的编辑错误。由于 UE4 软件在细分模型表面的光效时，是根据模型的表面积来进行设置和处理的，因此我们在建模阶段应注意将相同材质的单个模型按照表面积相近的原则合并成一个物体。例如，静园主楼的墙体，与配楼、连廊等相同材质的墙体相比，表面积大出了数倍。因此，可以将主楼墙体分割为一楼墙体、二楼墙体、西侧墙体和东侧墙体等。

（四）创建物体命名

应养成为创建的每一个物体单独命名的习惯，这既便于模型在不同软件之间的导出管理，又便于未来在成百上千个模型中，利用名字找到出现问题的模型。由于我们最终需要使用UE4软件来制作数字静园，因此在为创建的物体命名以及设置保存路径时，均不能带有中文字符。

（五）关于镜像物体

我们在使用 3ds Max 创建对称物体时，一定离不开“镜像”命令。使用“镜像”命令可以快速且方便地利用原始物体产生我们需要的对称效果。但是对于用“可编辑多边形”命令创建的物体，使用“镜像”命令可能会产生意外的面片翻转。这种错误的翻转现象，在 3ds Max 软件中的显示是正确且无法察觉的，当模型导入至 UE4 软件后，面片的错误翻转将无法修改。因此，我们在使用 3ds Max 制作模型时，凡是利用镜像修改器操作的对象，均需要在选择此物体时，使用控制面板中的“实用程序”面板，找到“重置变换”按钮，单击弹出的“重置选定内容”选项，如图 2-2-5 所示。如此操作后，如果发现该物体面片的法线方向有翻转问题，就可以在“可编辑多边形”的命令下，进行面片翻转。

图 2-2-5

三、三维模型物体的命名规则

首先，为每一类模型创建一个图层，同类模型只能放置在对应的图层中，方便导出管理。根据静园整体建筑及景观特点，本项目共创建了 7 个图层。这些图层的命名及缩写如图 2-2-6 所示，其中“附属”图层放置后楼、配楼等内容，“室外”图层放置静园围墙、草地、入口等内容。为方便模型的命名和管理工作，此次还为常用的名称设置缩写规则，如图 2-2-7 所示。

其他文件格式，例如纹理贴图、法线贴图、反射贴图、高光贴图等，也可以套用此命名规则进行命名。其他类型的文件命名，应体现贴图类型或性质，一般以后缀的形式加入文件名中。

图层名	对应中文	缩写	模型命名示例
zhu lou	主楼	zl	zl-dongwaiqiang-lL（主楼东外一层）
tu shu guan	图书馆	tsg	tsg-taijie（图书馆台阶）
lian lang	连廊	ll	ll-podao-01（连廊坡道 01）
shi nei	室内	sn	sn-lL-nq-01（室内一楼内墙 01）
wu ding wa pian	屋顶瓦片	dw	dw-zl-01（主楼顶瓦 01）
fu shu	附属	fs	fs-houlou-cbl-01（附属后楼窗玻璃 01）
shi wai	室外	sw	sw-caodi-01（室外草地 01）

图 2-2-6

模型	缩写	模型	缩写	模型	缩写
门	m	窗	c	玻璃	bl
墙	q	内墙	nq	屋顶	wd
廊架	lj	圆拱门	ygm	圆拱窗	ygc

图 2-2-7

第三节 数字静园项目的模型制作

一、数字静园项目的制作依据

本次数字静园项目的制作主要以静园测绘、修复用 CAD 图纸及实地探访测量的方式进行。CAD 图纸不仅包括区位图、规划图，还包括主楼及附属建筑的平、立面图纸，如图 2-3-1 至图 2-3-5 所示。如果图纸与现实有冲突的地方，则按照实地探访测量为基准进行修改。根据实际需要，数字静园项目的创建工作共由 11 个部分组成，分别是主楼、图书馆、连廊、后楼、东楼（附楼）、屋顶筒瓦、西跨院景观、主楼门厅室内景观、前院景观、围墙和大门。本项目主楼部分使用 3ds Max 软件进行建模，其他部分使用 Sketchup 软件建模。院内的植物模型将放到 UE4 软件内进行导入与制作，三维建模期间不进行考虑。

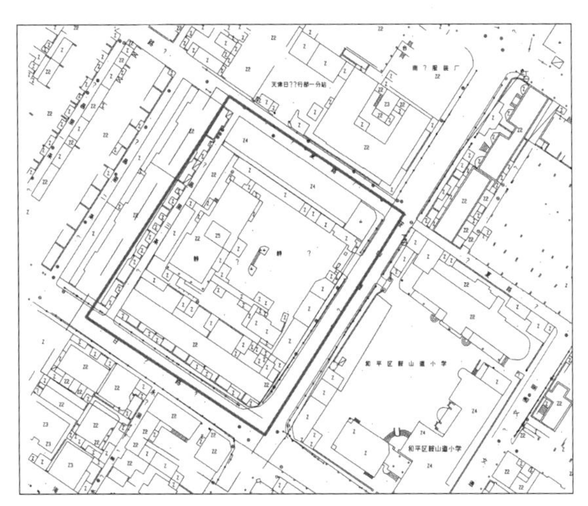

图 2-3-1

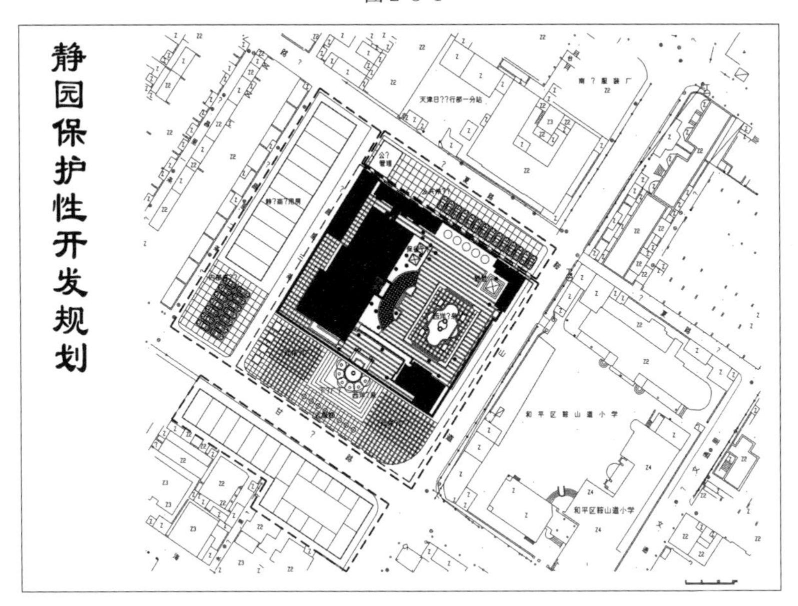

图 2-3-2

图 2-3-3

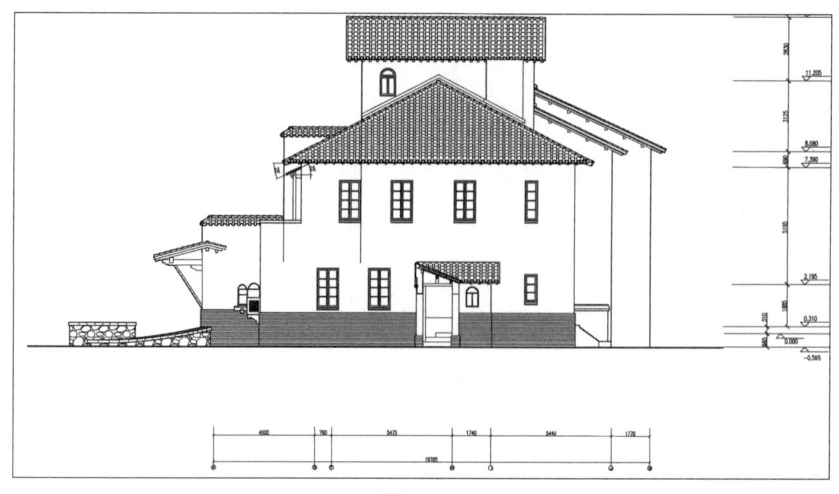

图 2-3-4

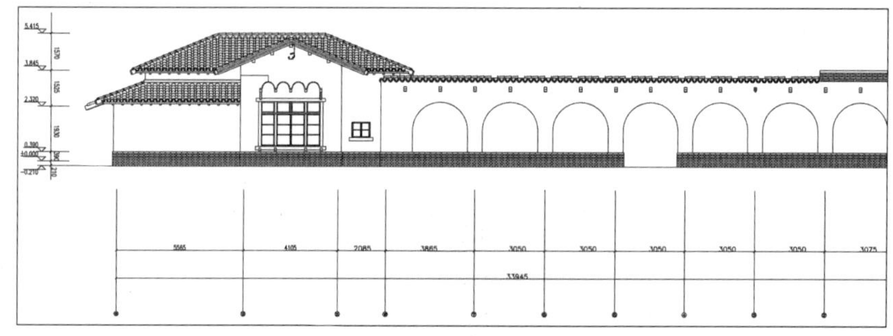

图 2-3-5

本次建模将以静园的整体建筑风格为优先考虑内容进行制作。例如，能够体现西班牙建筑风格的粉红色筒瓦、日式木格花窗、拱形的门窗、鱼鳞形装饰瓦、木结构外廊、围墙造型等，如图 2-3-6 所示。其中有很多元素既可以通过建模表现，也可以通过贴图的方式简化创建过程。但虚拟现实的表现形式决定了程序体验者是以自由的方式在场景中游走的，这就难免会对以上细节有近距离的观察视角。贴图方式虽然减少了制作时间，减轻了运行程序的硬件负担，但最终表现效果会大打折扣。因此，本次模型创建工作将尽量复原建筑的细节效果，对极端情况（如筒瓦的创建）将采取有限简化模型的方式进行创建。

图 2-3-6

二、制作主楼模型

主楼是静园中体量最大的建筑，它主体二层、局部三层，东西向 35m，南北向 20m。主楼外立面设计是具有明显西班牙建筑风格的退台式立面设计，二层、三层利用建筑退台设有露台，观景效果极佳。以主入口为中轴线及垂直交通枢纽，整栋建筑分为东西两个部分，一层为餐厅、客厅等公共空间；二层为卧室、书房等私人空间；三层设警卫室。一层入口处设有拱形花窗，东侧墙壁布置了喷泉，与静园西跨院的喷泉池造型相呼应。二层西侧整体为包围木结构外廊，中东部露台围墙采用鱼鳞式瓦片堆叠装饰，正立面的窗户多采用日式菱形窗格。整体建筑风格鲜明，布局动静分离，功能合理。基于此，本次主楼制作的内容包括主楼全部的外沿效果（楼体北侧立面由于不可见，进行适当简化）及主入口门厅的室内部分，对主楼其他室内空间只进行墙体创建，不创建家具及装饰效果。创建过程中，将采用先下后上的方式，从一层开始创建。

首先，将主楼一层和二层的 CAD 原始平面图进行简化处理，如图 2-3-7 和图 2-3-8 所示。只留下外墙及内墙墙线，其他元素全部删除，如图 2-3-9 和图 2-3-10 所示。然后，将其导入 3ds Max 软件中，作为制作墙体的底图。

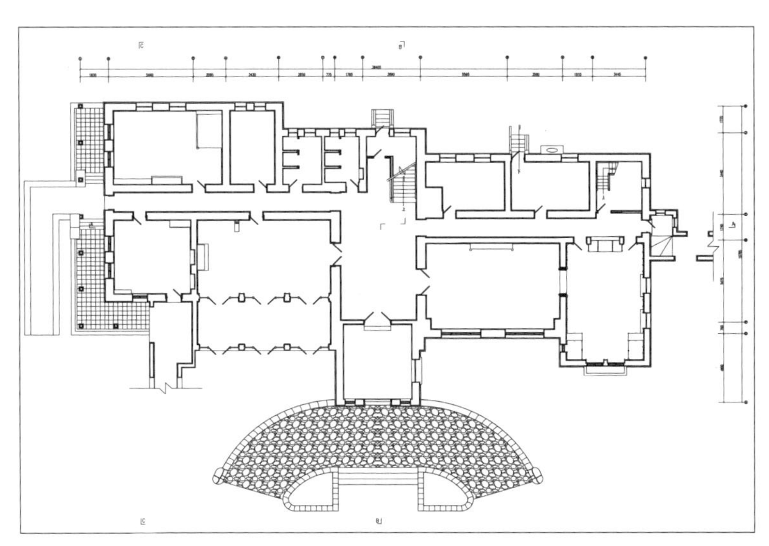

图 2-3-7

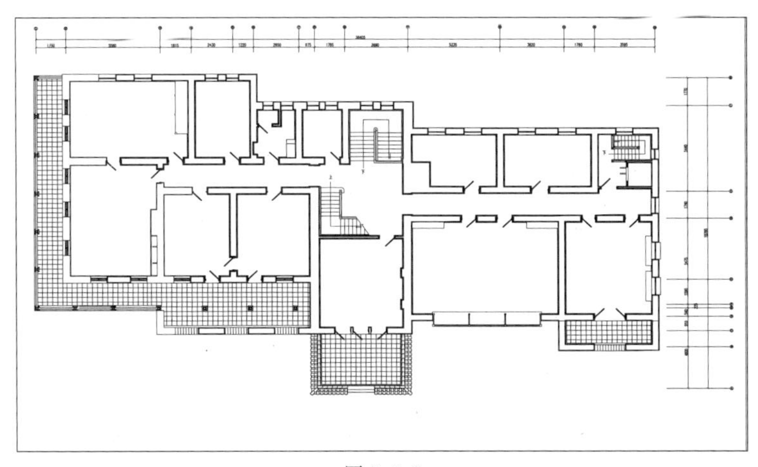

图 2-3-8

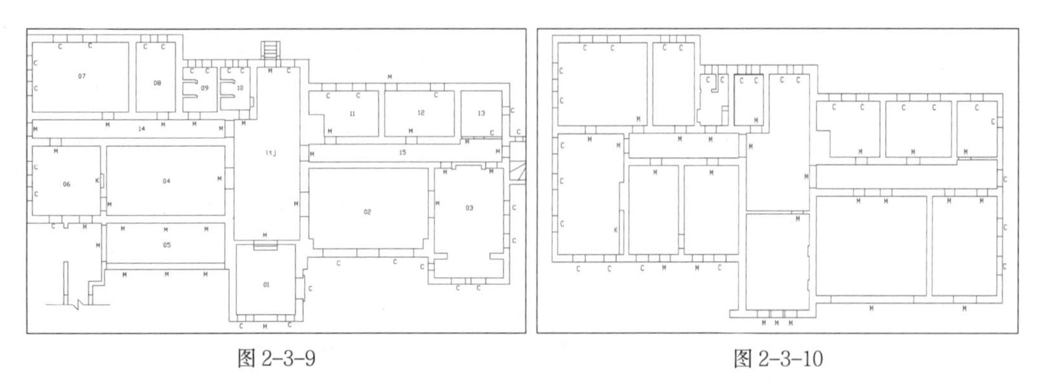

图 2-3-9　　图 2-3-10

单击鼠标左键，选择菜单栏中的“文件”选项，然后执行“导入”命令，导入 CAD 图纸，如图 2-3-11 所示。这里注意应将 CAD 底图放置在坐标原点右上角的第一象限附近，这样创建的整体院墙不会离坐标原点太远，也不会产生新导入的物体出现在坐标原点后、隐藏在楼体内部的现象，如图 2-3-12 所示。

导入好底图后，在底图被选中的状态下，单击鼠标右键选择“冻结当前选择”功能，如图 2-3-13 所示，此时底图变成灰色。

在底图上单击鼠标右键，如图 2-3-14 所示，在弹出的“栅格和捕捉设置”对话框中，选择“选项”面板，勾选“捕捉到冻结对象”，如图 2-3-15 所示。这时，就可以利用冻结的底图作为捕捉点来创建主楼的墙体了。

下面，以主楼东南角房间为例进行一层外墙的创建。用鼠标左键长按主工具栏中的“捕捉开关”按钮，在弹出的 3 个按钮中，选择用“2.5 维捕捉”按钮并打开，如图 2-3-16 所示。单击鼠标左键，选择右侧面板中的“创建”→“图形”→“线”命令按钮，如图 2-3-17 所示。捕捉导入的底图进行墙体外沿的创建，如图 2-3-18 所示。

除了墙体的转角外，窗的边界也要添加点，以便将墙体挤出后，窗的边界也可以一起创建。选择创建好的线，使用右侧面板中的“修改”→“挤出”命令，如图 2-3-19 所示。通过测量 CAD 可知，一层墙体上沿距地面高度为 3920mm，因此设置参数为“3920.0mm”，透视视角效果，如图 2-3-20 所示。

由于生成的面片法线是正面向内的，因此需要将其进行面片翻转。选择图形并单击鼠标右键，在生成的菜单中选择“转换为”选项下的“转换为可编辑多边形”，如图 2-3-21 所示。

图 2-3-11　　图 2-3-12

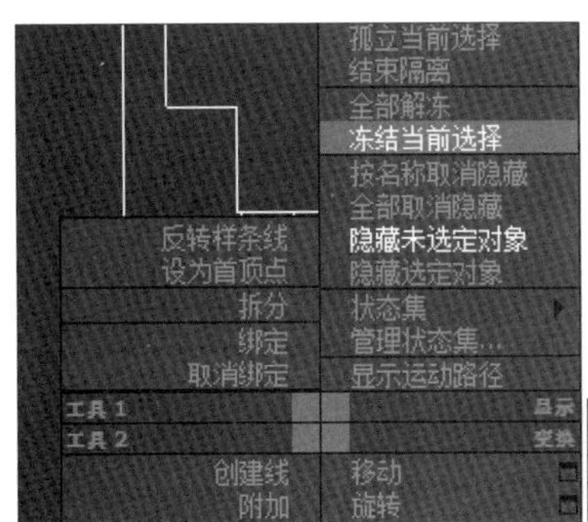

图 2-3-13

图 2-3-14

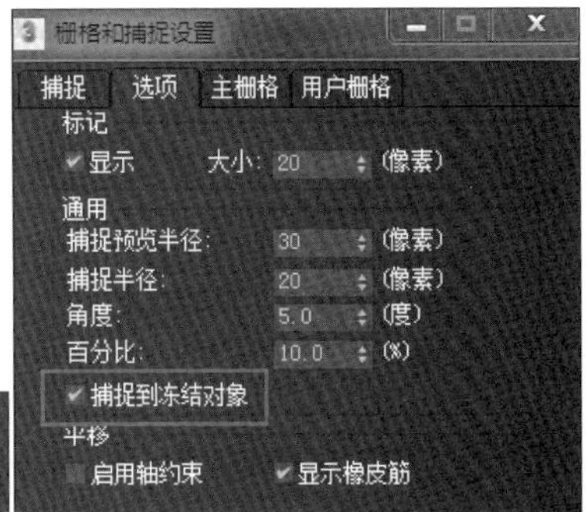

图 2-3-15

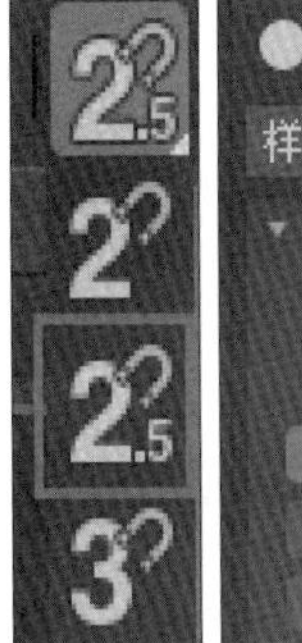

图 2-3-16

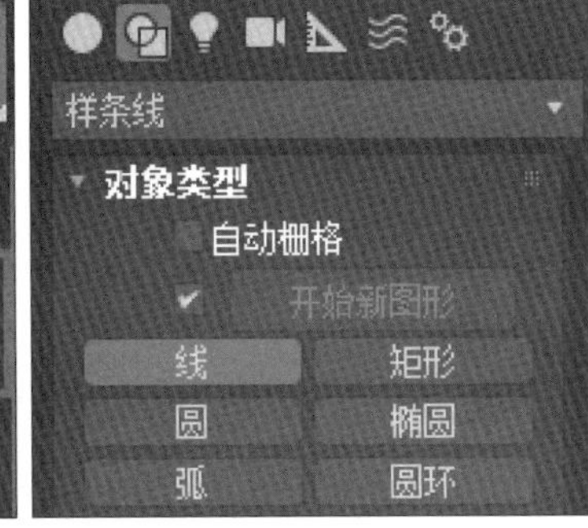

图 2-3-17

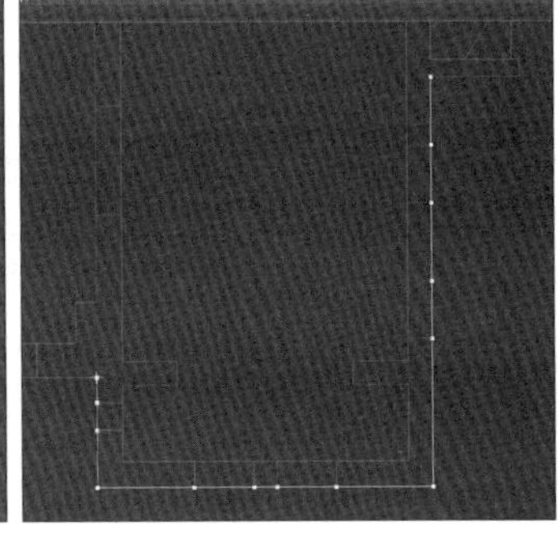

图 2-3-18

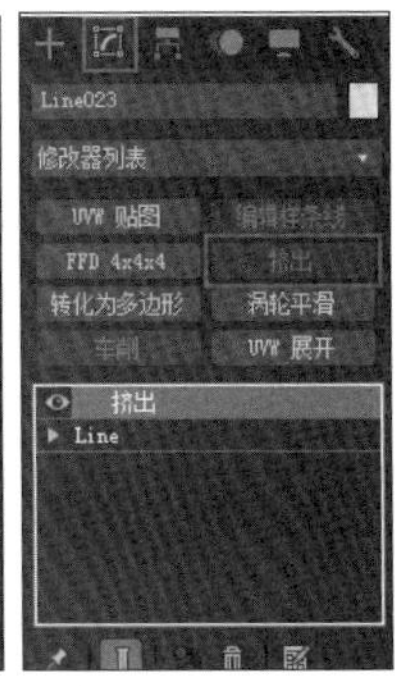

图 2-3-19

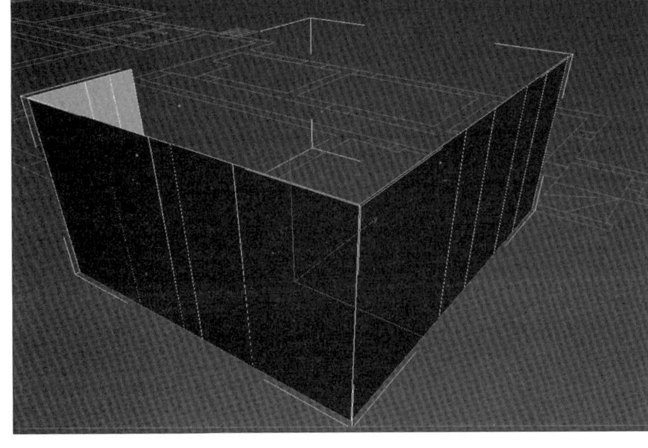

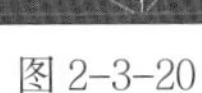

图 2-3-20

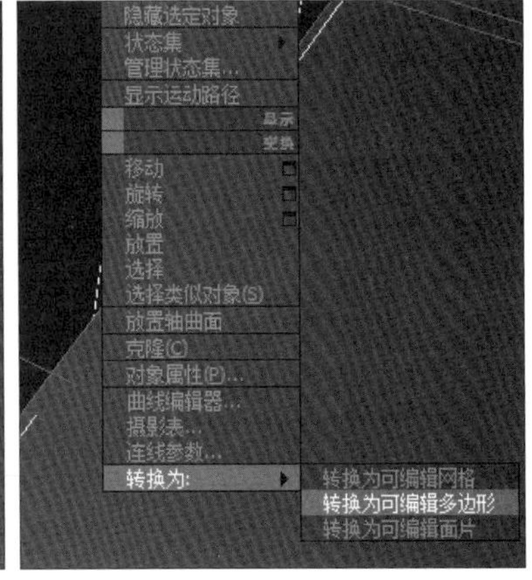

图 2-3-21

在新生成的“可编辑多边形”面板中，选择“多边形”层级，然后在视窗中选择需要翻转的面片，在右侧面板中选择“翻转”按钮，如图 2-3-22 所示，视窗中的结果如图 2-3-23 所示。

接下来，制作墙体上的窗口。制作窗口，需要先选择右侧“可编辑多边形”面板中的“边”层级，选择需要创建窗口的两条竖线后，单击鼠标左键，选择工具面板中“连接”旁边的“设置”按钮，如图 2-3-24 所示，在视角中弹出的对话菜单中将“1”改为“2”，如图 2-3-25 所示。用鼠标右键单击主工具栏中的“移动”按钮，如图 2-3-26 所示。弹出“移动变换输入”对话框，如图 2-3-27 所示。通过主楼南立面 CAD 图纸可知，窗口上沿距地面 2450mm，下沿距地面 650mm。单击选择新生成的上沿线，将“移动变换输入”对话框中“Z”坐标的数值改为“2450.0mm”，同理下沿线改为“650.0mm”，如图 2-3-28 所示。

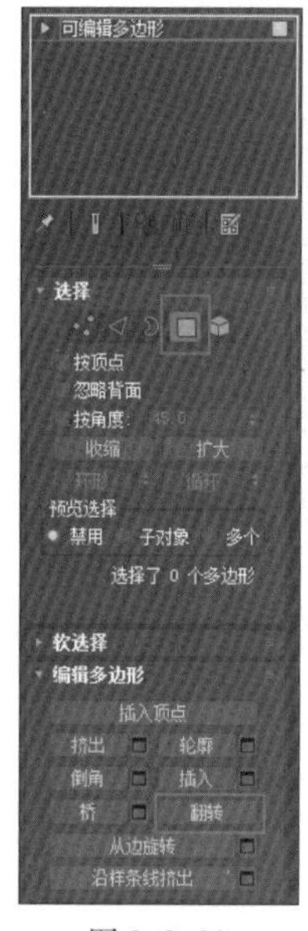

图 2-3-22

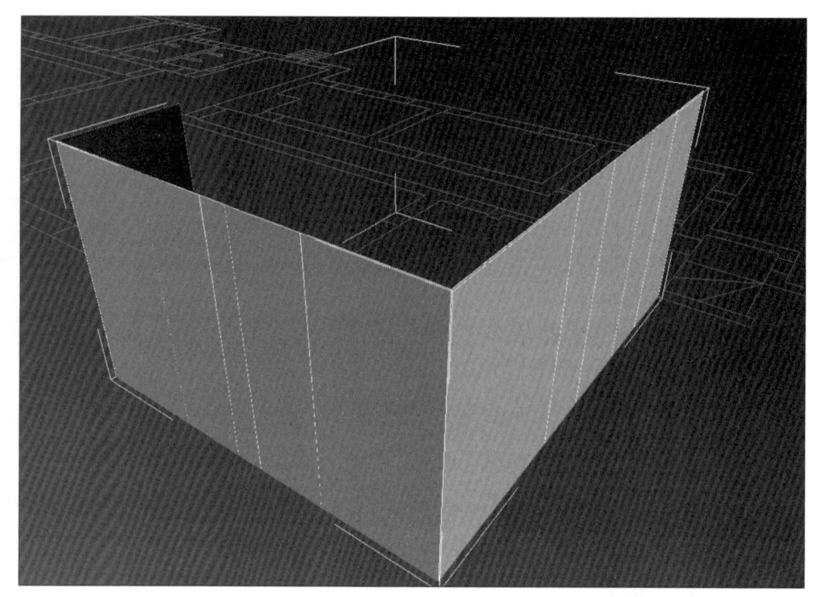

图 2-3-23

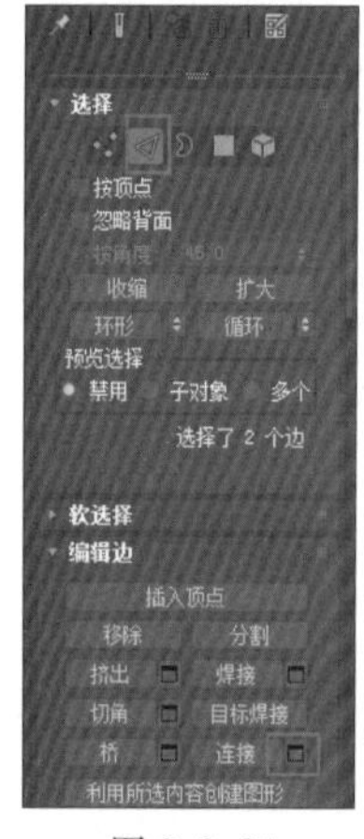

图 2-3-24

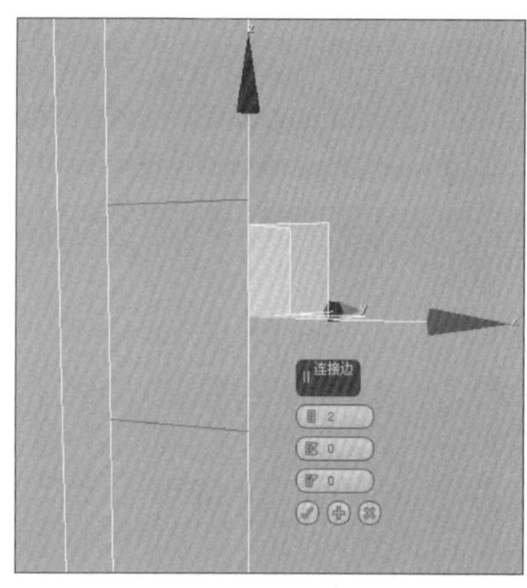

图 2-3-25

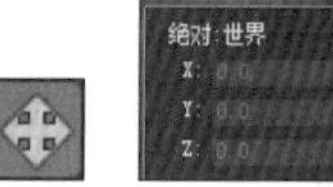

图 2-3-26

图 2-3-27

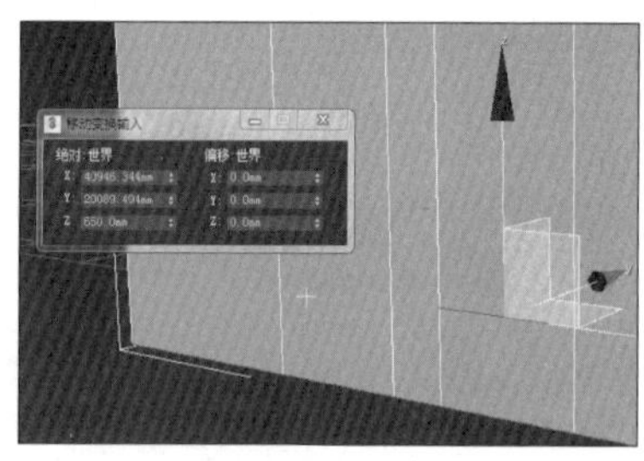

图 2-3-28

在右侧面板中，选择之前的“多边形”层级，选中新生成的窗面片，选择“挤出”右侧的“设置”按钮，如图 2-3-29 所示。在弹出的菜单栏中输入“-600”，用鼠标左键单击“√”按钮，向内挤出窗口的墙体厚度，如图 2-3-30 所示。此时，新生成的面片没有用了，我们将它删掉即可。

用相同的方法，继续完成这部分墙体其他窗口的创建，如图 2-3-31 所示。

利用相似的技巧，将创建好的一、二、三层外墙及一层内墙按照相互位置关系组合在一起，步骤与主楼的外墙创建方法相同。需要注意的是，外墙各墙体之间可以利用“可编辑多边形”面板中的“附加”或按照墙体的名称“附加列表”，来附加创建好的墙体，使其集零为整，如图 2-3-32 所示。建议将墙体按照主楼的结构分为左、中、右、一层、二层、三层等部分，例如，二层右侧墙体（zl-2c-you）。最后，根据 CAD 立面图，还需要制作一个高度为 1460mm 的墙基，如图 2-3-33 所示。同时，记得为合并后的墙体设定名称，在材质编辑器中附加材质。因为此时材质的作用主要是区分颜色和为将来的材质调整打好基础，所以只调整出颜色变化即可。

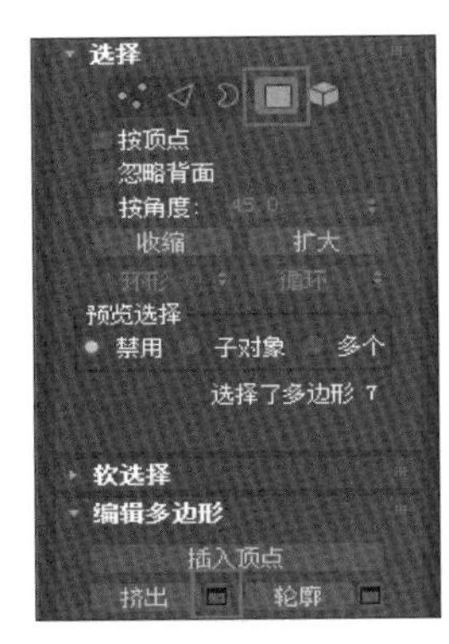

图 2-3-29

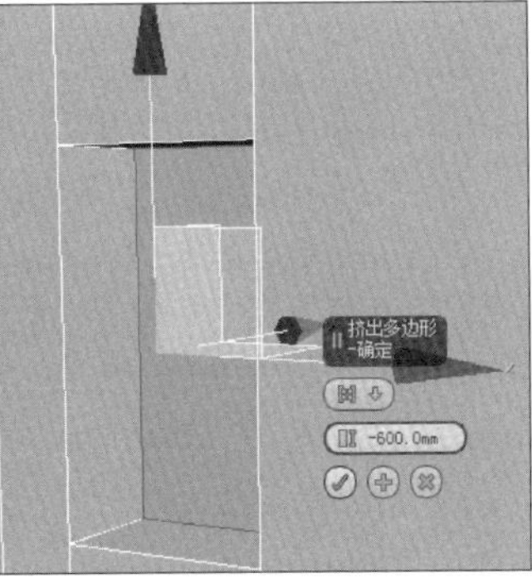

图 2-3-30

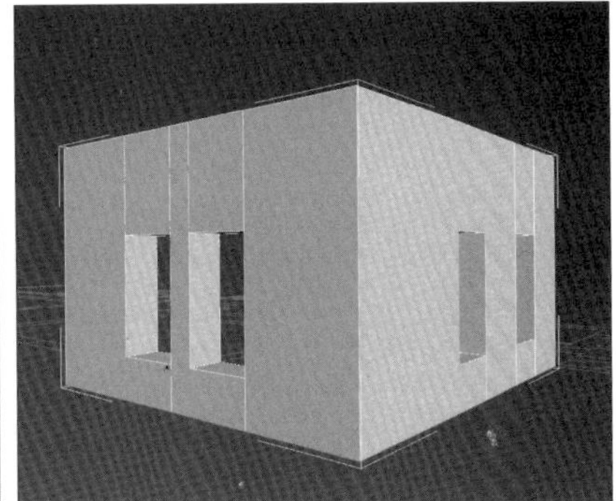

图 2-3-31

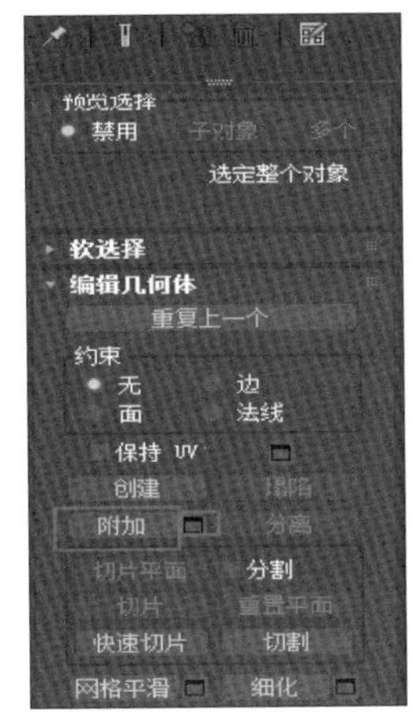

图 2-3-32

图 2-3-33

主楼外沿共有门窗 47 处，现选择 2 处具有代表性的门窗进行制作过程演示。

主楼主入口处的门厅花格窗位于主楼一进门的位置，具有浓郁的日式风格，游客在最终的 UE4 程序中进行体验时，可能会离这个花窗很近，因此需要将菱形花格窗作为重点进行三维刻画。创建这处花窗，需要先利用 CAD 程序创建一个菱形花格的图案。先按照窗的长宽创建一个 1020mm × 445mm 的长方形，如图 2-3-34 所示。然后，将长方形的长边和短边分别进行四等分，连接每一个小矩形的对角线，如图 2-3-35 所示。接着沿着对角线分别向两侧偏移 5mm，形成窗格的宽度，如图 2-3-36 所示。最后，利用“删除”和“修剪”命令对多余的线形进行修剪，注意修剪后的图形必须是一个封闭图形，如图 2-3-37 所示。将最终创建好的 CAD 图案导入 3ds Max，使用“挤出”命令挤出 20mm 的厚度，如图 2-3-38 所示。调整好后，为其创建木质边框，并在窗格之间加入一个透明材质的立方体作为玻璃，为边框、菱形花格、窗玻璃三部分附加材质，创建成组并设定名称，如图 2-3-39 所示。

图 2-3-34

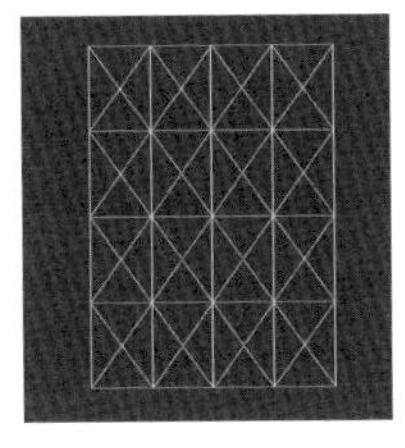

图 2-3-35

图 2-3-36

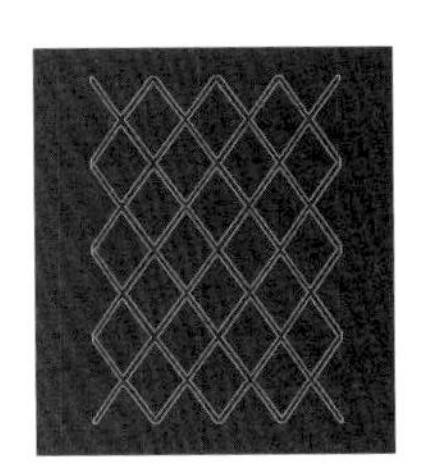

图 2-3-37

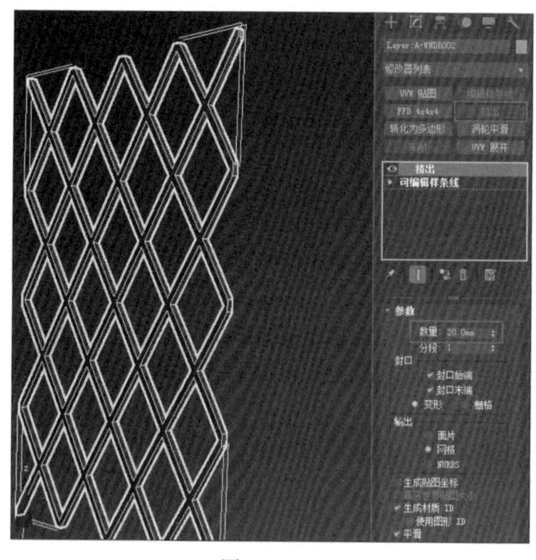

图 2-3-38

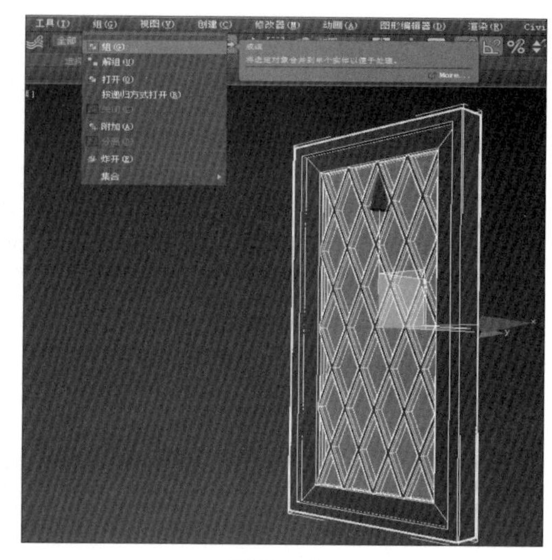

图 2-3-39

主楼正面及东西两侧有一些造型相对简单的门，可以利用“可编辑多边形”工具，很方便地创建这些比较规整的门。首先，使用“图形”面板中的“矩形”命令，创建一个高 2100mm、宽 935mm 的矩形，如图 2-3-40 所示。然后在视窗中单击鼠标右键选择“转换为可编辑样条线”，如图 2-3-41 所示。在“样条线”面板中，找到“轮廓”按钮，如图 2-3-42 所示。在“轮廓”旁边的数值中输入“50”，形成边框，如图 2-3-43 所示。选择“挤出”命令，输入“30.0mm”，如图 2-3-44 所示。利用同样的方法，继续创建一个宽度为 100mm、厚度为 20mm 的边框，如图 2-3-45 所示。

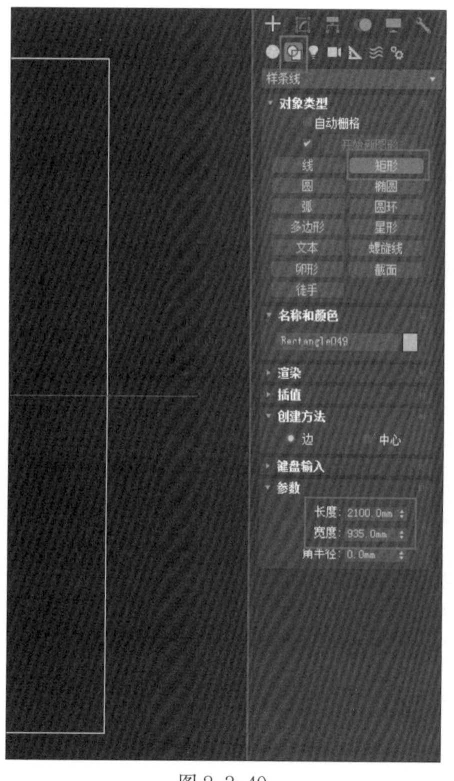

图 2-3-40

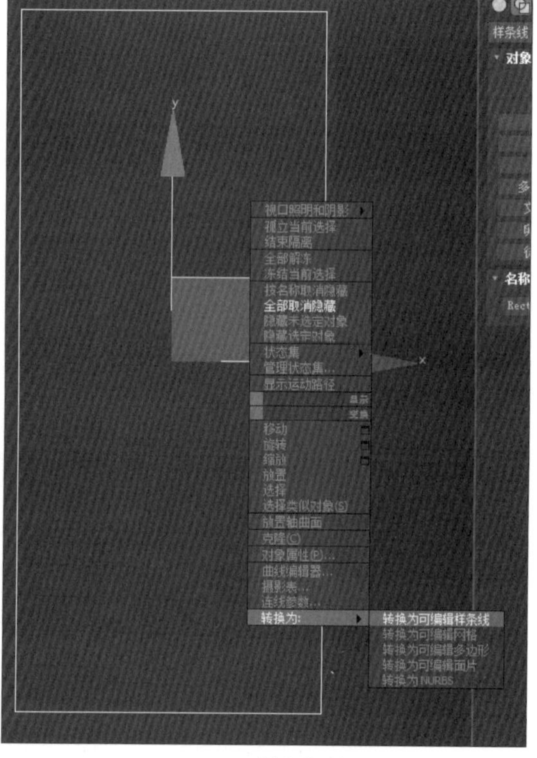

图 2-3-41

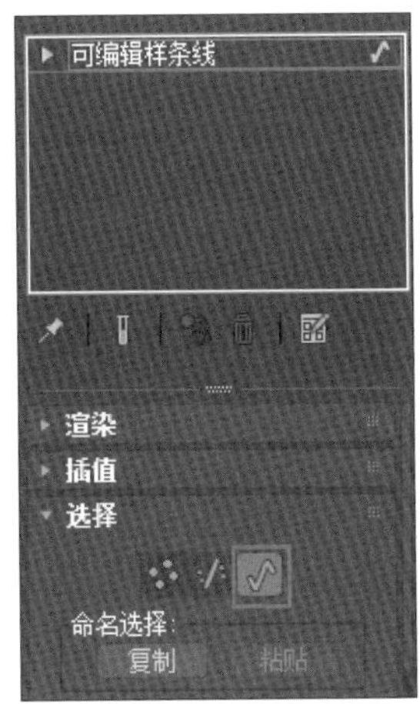

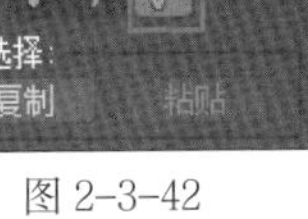

图 2-3-42

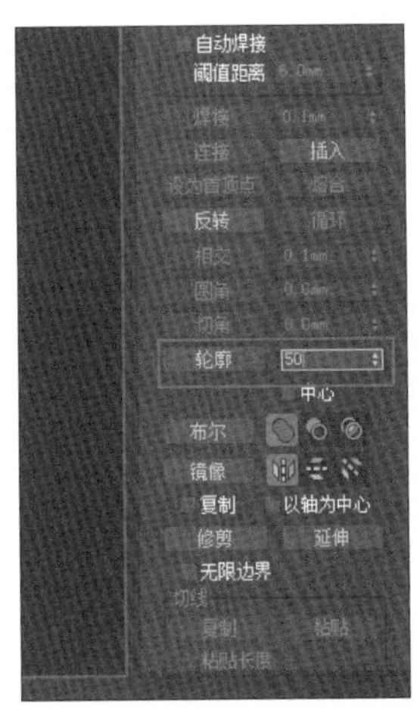

图 2-3-43

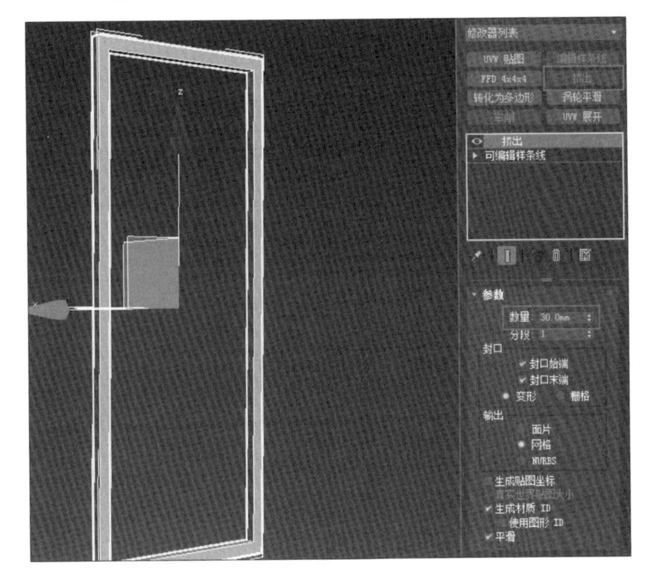

图 2-3-44

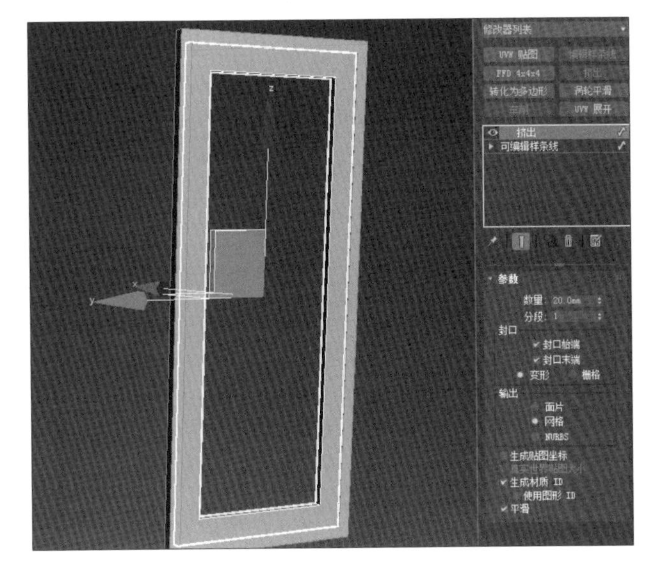

图 2-3-45

选中新创建的内框，单击鼠标右键选择“转换为”→“转换为可编辑多边形”，选择“面”层级，将其背面删除，如图 2-3-46 所示。进入“边界”层级，选择如图 2-3-47 所示的“环形”边界，单击鼠标左键选择“封口”按钮，生成一个新的面，如图 2-3-48 所示。

选择“边”层级，单击鼠标左键选择新面片两侧的竖向边，然后单击鼠标左键选择“连接”按钮旁的“设置”按钮，在新弹出的菜单中输入“3”，添加 3 条横向线段，将面片分为 4 段，如图 2-3-49 所示。在选择 3 条横线的基础上，单击鼠标左键，选择“切角”旁的“设置”按钮，在弹出的对话框中输入“20.0mm”，如图 2-3-50 所示。回到“面”层级，选择如图 2-3-51 所示的 3 个面片，单击“挤出”旁的“设置”按钮，输入“10”。单击如图 2-3-52 所示的 4 个面片，选择“分离”按钮，将其分离成单独的物体，并赋予其玻璃材质，将 2 层外框赋予红木材质。将 3 个物体创建成组，设定名称，如图 2-3-53 所示。

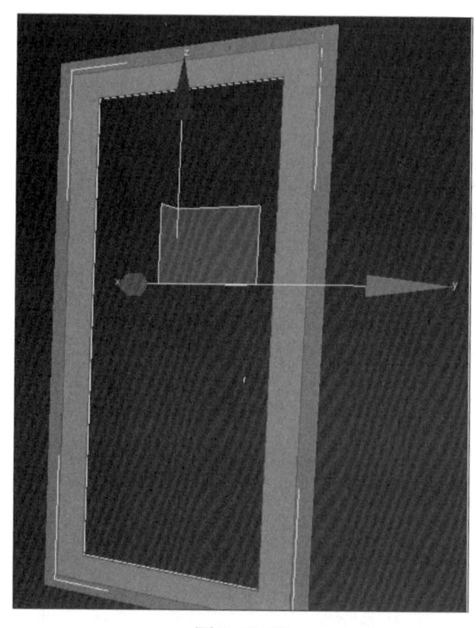

图 2-3-46

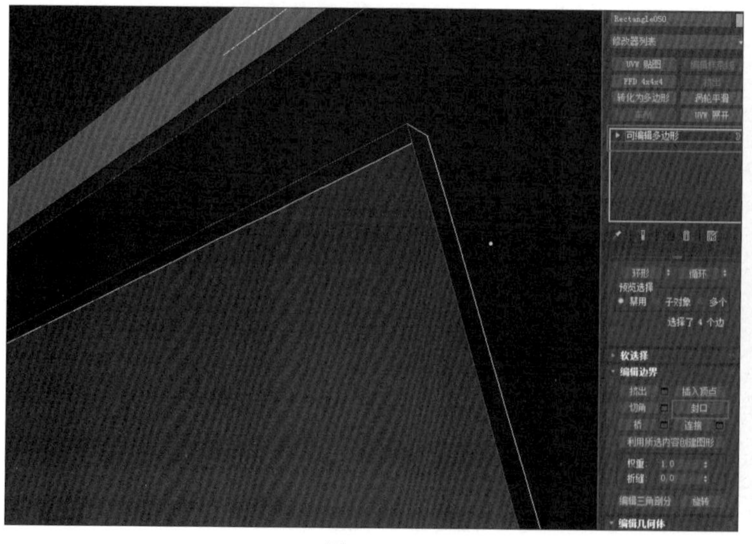

图 2-3-47

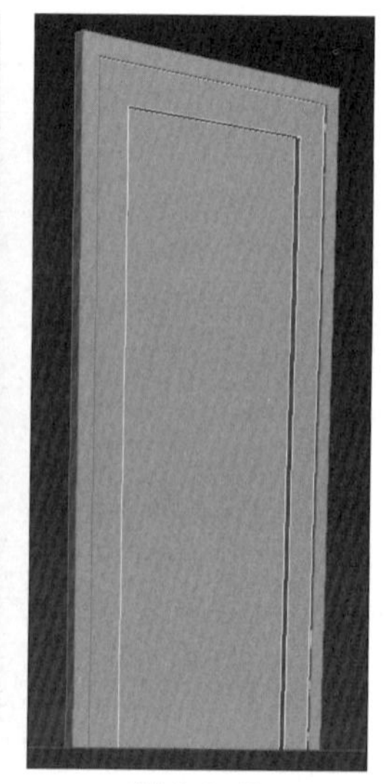

图 2-3-48

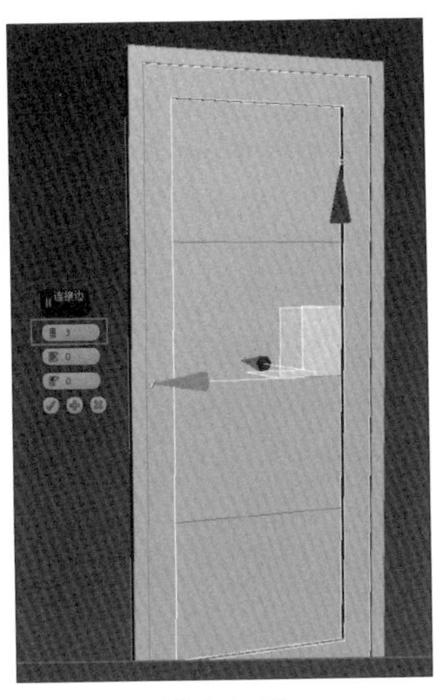

图 2-3-49

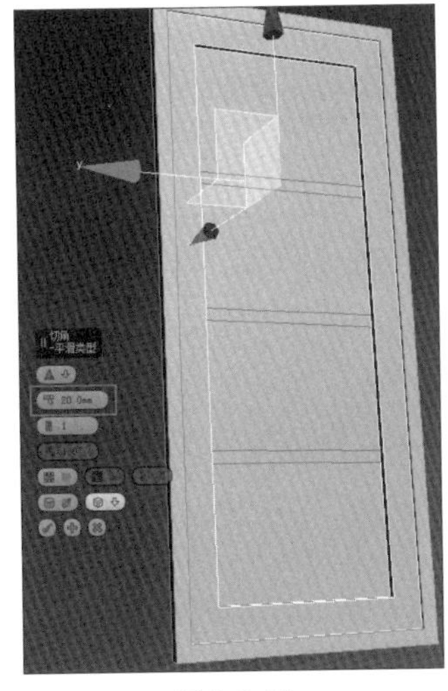

图 2-3-50

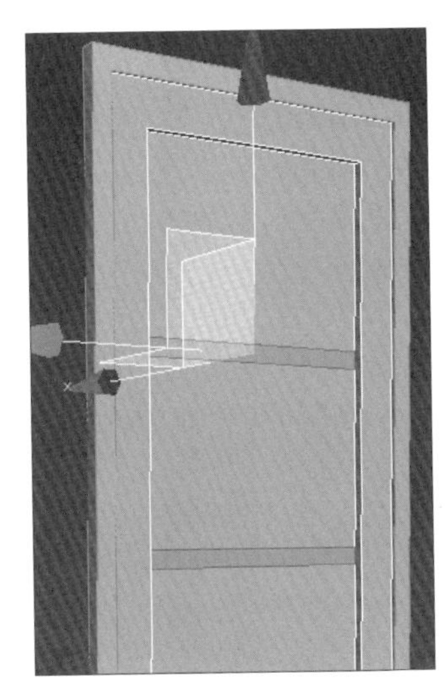

图 2-3-51

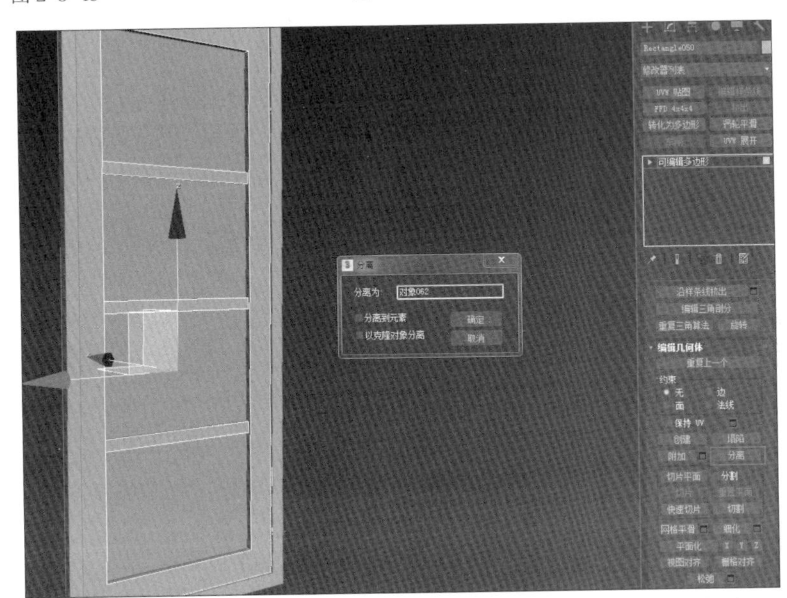

图 2-3-52

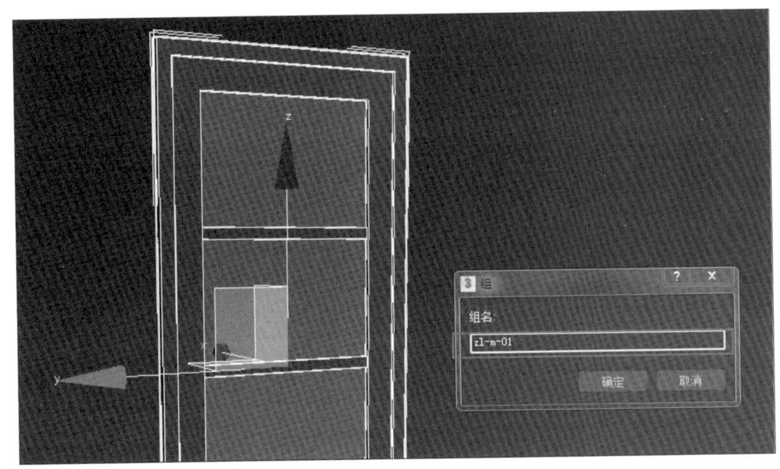

图 2-3-53

主楼正立面装饰鱼鳞状瓦片，也使用实体建模的方式进行创建。首先制作 CAD 平面图案，如图 2-3-54 所示。然后导入 3ds Max 软件中利用“挤出”命令创建实体，如图 2-3-55 所示。需要注意的是，虽然采用实体建模方式，但如果瓦片的横截面都制作成圆弧状的话，最终效果会增加大量面片，为程序运行带来负担。因此，在利用 CAD 制作横截面时，每个瓦片均由 5 条折线来模拟圆弧，以减少最终实体的面片数量。

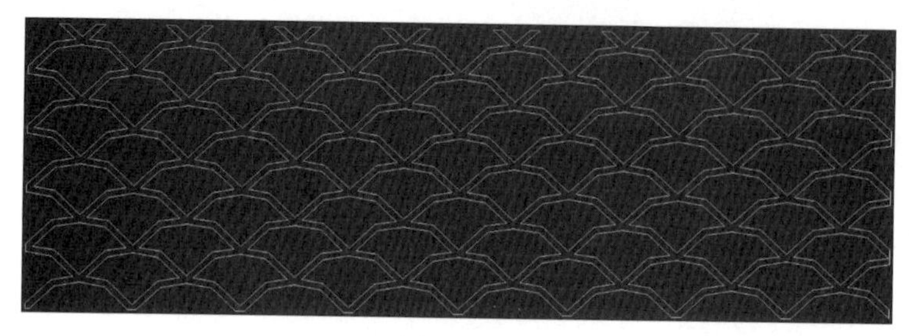

图 2-3-54

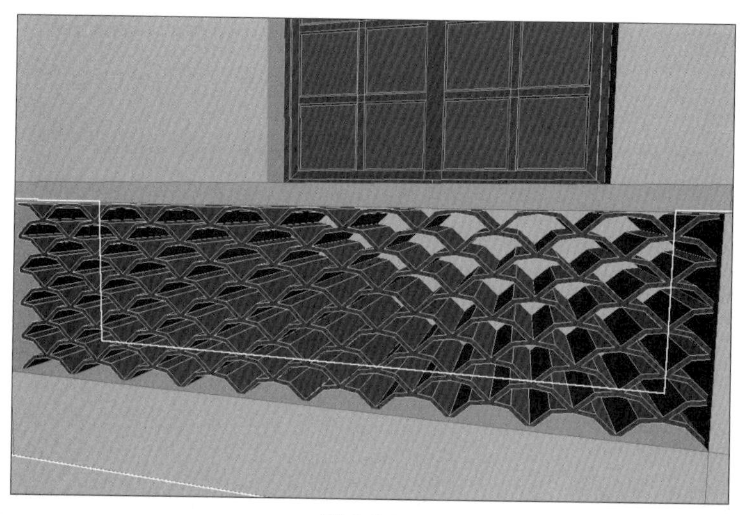

图 2-3-55

主楼建模的另一个难点就是屋顶的创建。

首先，需要利用右侧面板中的“创建”→“几何体”→“平面”命令，在顶视图中创建一个尺寸为 13190mm × 15195mm 的长方形，长度分段为 2，宽度分段为 1，如图 2-3-56 所示。将其转换为可编辑多边形物体。

选择“边”层级，单击鼠标左键选择屋脊线，再单击“插入顶点”按钮，在屋脊中线上插入一个顶点，如图 2-3-57 所示。

选择“点”层级，用鼠标右键单击主工具栏上的“移动”按钮，在弹出的“移动变换输入”对话框中查看屋脊线最左点的“X”坐标值（42372.699mm），然后查看新生成的屋脊中间点的“X”坐标值，将其改为“50372.699mm”（比左侧点增加 8000mm），如图 2-3-58 所示。

选择“边”层级，用鼠标左键单击“创建”按钮，连接屋脊线上新创建的点和 2 个角点，形成 2 条新的边，如图 2-3-59 所示。创建好后，关闭“创建”按钮。选择屋脊中线左半段，将“移动变换输入”对话框中的“Z”坐标值改为“3600.0mm”，使其向上移动，如图 2-3-60 所示。

选择“多边形”层级，用鼠标左键单击“创建”按钮，将侧面的三角形面补齐，如图 2-3-61 所示。用同样的方法将底面补齐，如图 2-3-62 所示。

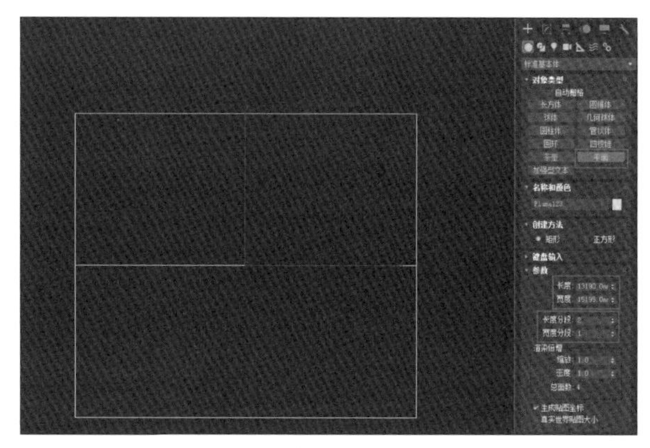

图 2-3-56

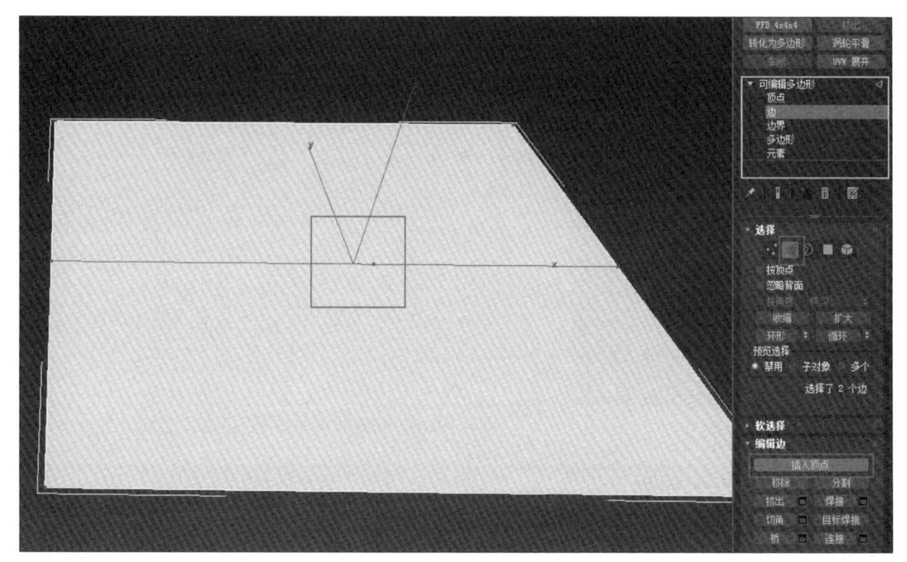

图 2-3-57

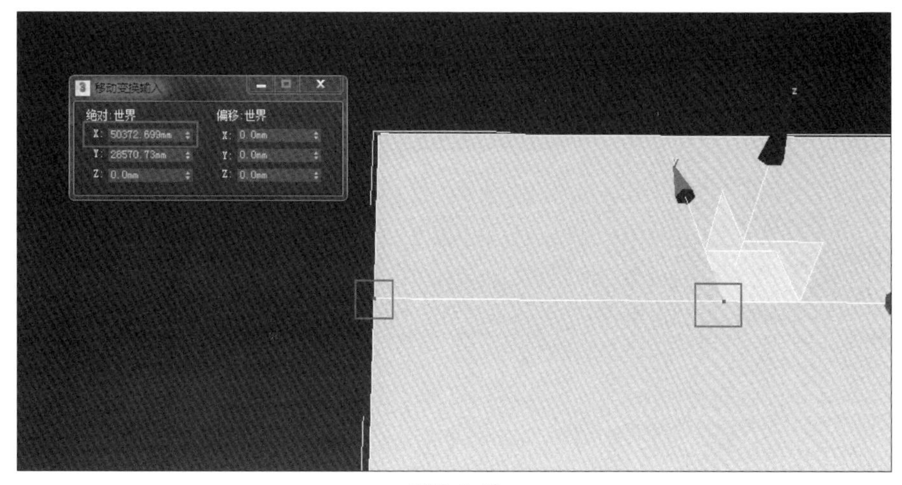

图 2-3-58

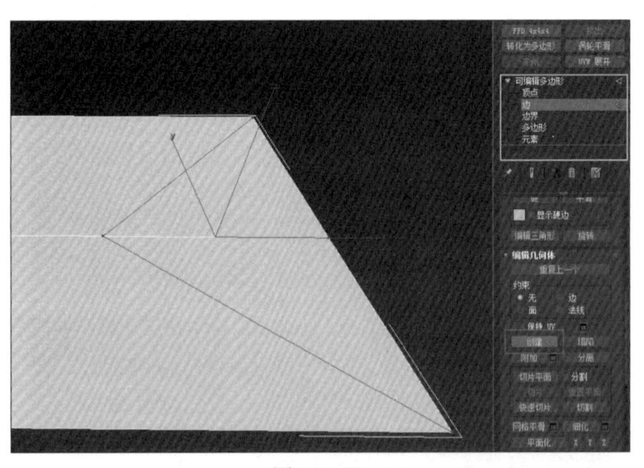

图 2-3-59

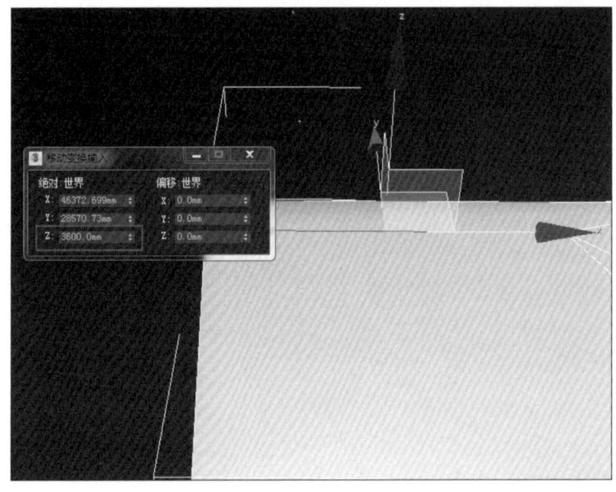

图 2-3-60

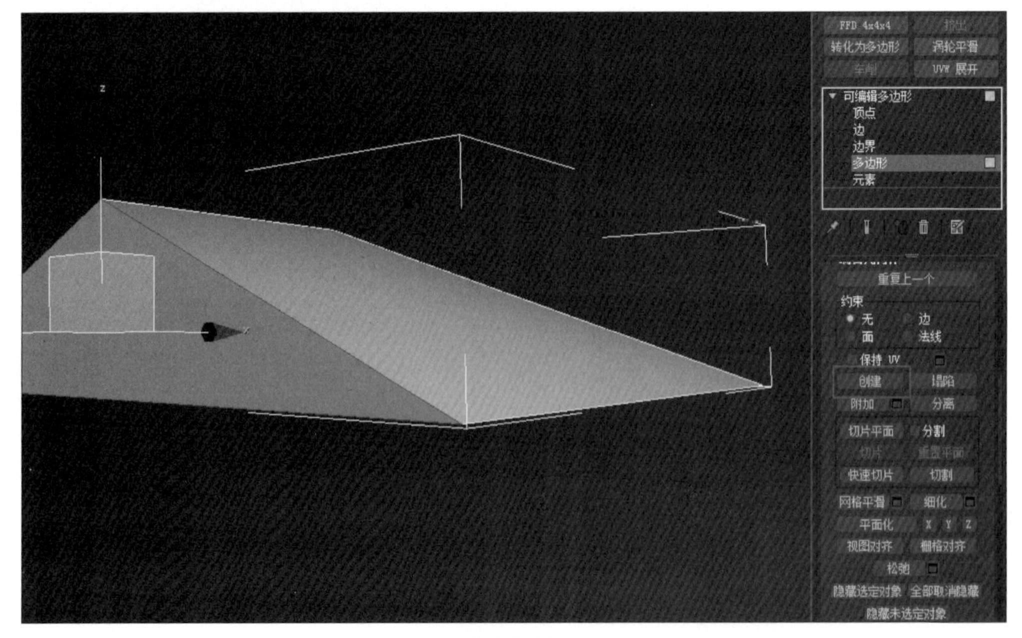

图 2-3-61

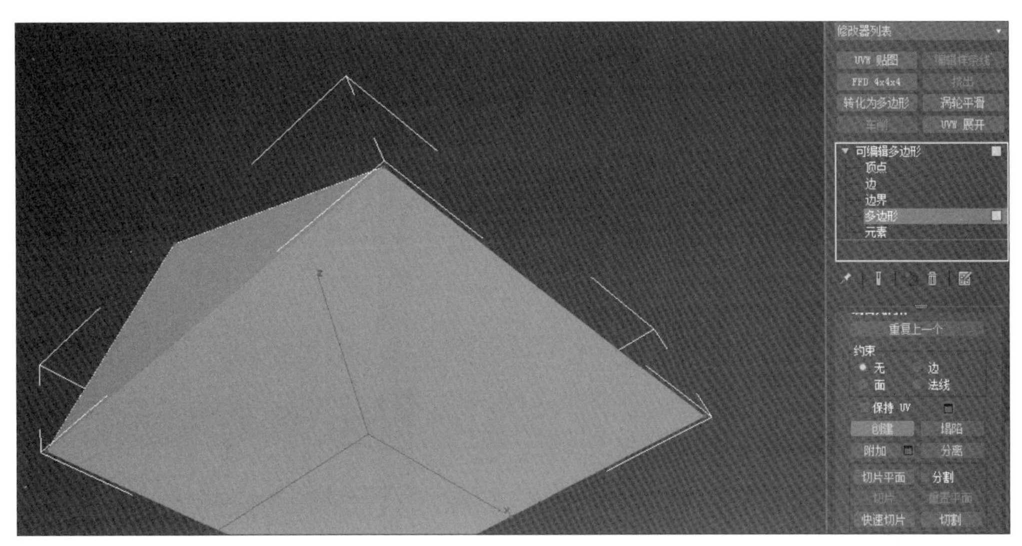

图 2-3-62

主楼外沿西侧二层木质外廊、主入口屋檐等元素的建模，可以利用几何形体创建并组合，方式较为简单，不再进行详细介绍。需要注意的是一些复制的工作。首先，要决定在复制时是选用“复制”还是“实例”的方式，如图 2-3-63 所示。例如，栏杆等外形轮廓一致物体，一般一起进行调整修改，因此应选择“实例”的方式。其次，在复制前一定要把物体的名称设定好，挂好后缀（一般第一个创建的物体，名称后缀为 001，进行复制后，系统会自动为其添加递进的编码，附加材质。这样进行复制后，物体的名称和材质就自动完成了，避免重复性劳动。

主楼外沿最终创建效果如图 2-3-64 和图 2-3-65 所示。

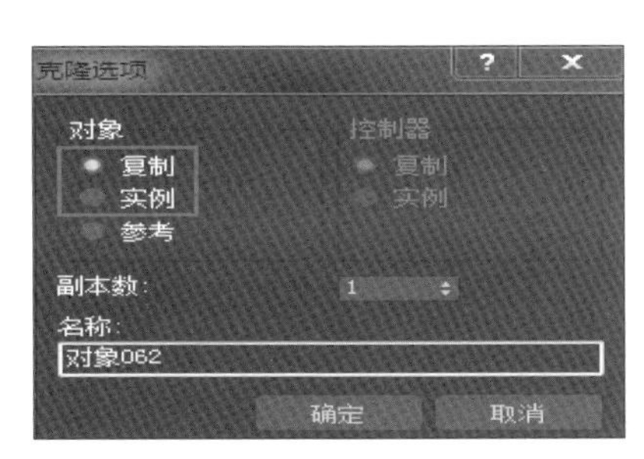

图 2-3-63

图 2-3-64

图 2-3-65

三、制作主楼门厅室内景观模型

主楼门厅是主楼入口内的第一个房间，是连通室内外的重要过渡，因此门厅内有许多装饰性元素，如欧式圆柱、三联圆拱窗、龙头喷泉等，如图 2-3-66 所示。

图 2-3-66

欧式圆柱位于喷泉旁边的壁龛内。首先需要执行“创建”→“图形”→“线”命令，如图 2-3-67 所示。在带有立面的视图中创建圆柱的边界线，如图 2-3-68 所示。之后，进入“编辑”面板，打开“点”层级，对刚刚创建的线进行编辑。选择新创建的线上的某一个点，单击鼠标右键，在弹出的菜单中选择点的“属性”如“Bezier 角点”“Bezier”“角点”“平滑”等，如图 2-3-69 和图 2-3-70 所示，可根据具体的点的需要进行选择和调整。

将调整好的线添加“修改”→“车削”命令，为减少不必要的面片数量，将分段改为“9”，对齐方向选择“最小”按钮，如果生成的柱体法线方向不正确，还可以给“翻转法线”打上对钩，如图 2-3-71 所示。最后给装饰柱的顶部和底部加上方形体块，如图 2-3-72 所示。

龙头喷泉造型使用“box”创建并调整长、宽、高的“分段数”，如图 2-3-73 所示。创建后，将其转换为“可编辑多边形”，然后对其进行“镜像”，需要注意的是应选择“实例”方式，如图 2-3-74 所示。将新生成的镜像体移动并对齐源对象，使其左右对称，如图 2-3-75 所示。为源对象添加“FFD 4×4×4”修改器，选择“控制点”层级，如图

2-3-76 所示。对源对象上的黄色空间点进行移动、缩放等，如图 2-3-77 所示。调整好后，将其修改为“可编辑多边形”，附加另一半物体，使其形成一个整体，并焊接连接点。对新生成的对象执行“涡轮平滑”命令，如图 2-3-78 和图 2-3-79 所示。

门厅内的其他元素较为简单，利用简单的几何形体进行拼接对齐即可完成建模。但需要注意的是，创建好模型后，要记得为其附加材质并设定名称。

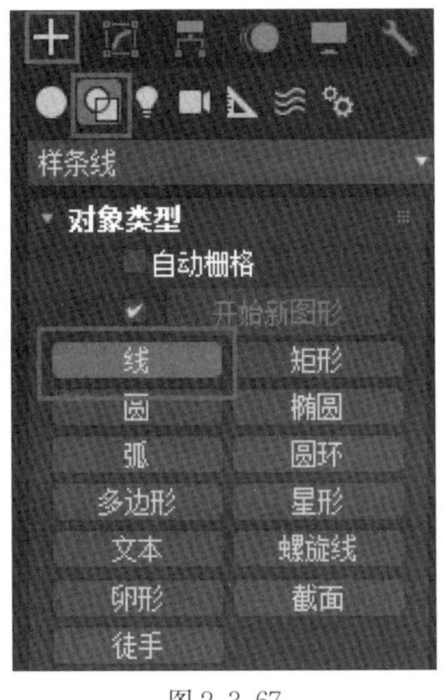

图 2-3-67

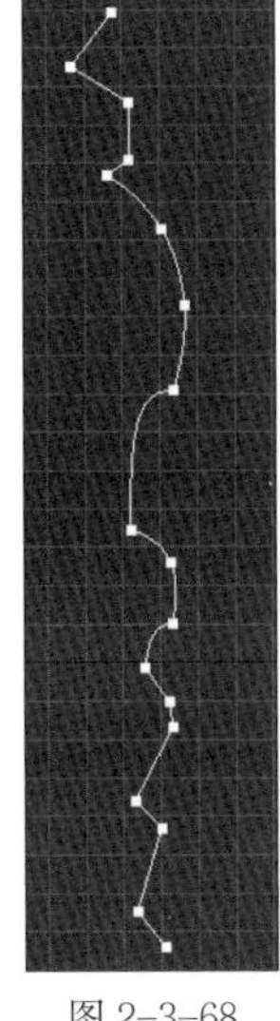

图 2-3-68

图 2-3-69

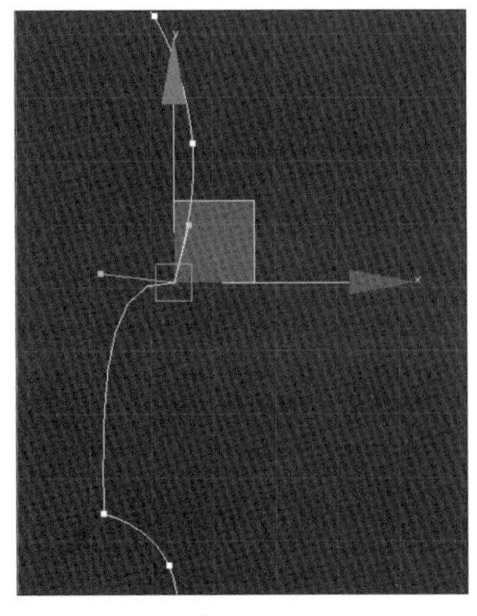

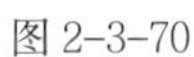
图 2-3-70

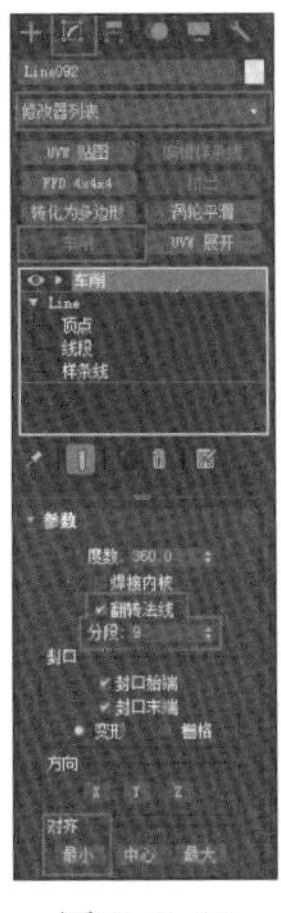

图 2-3-71

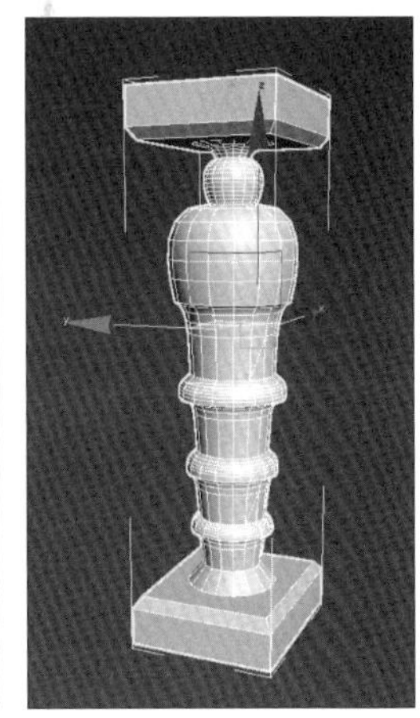

图 2-3-72

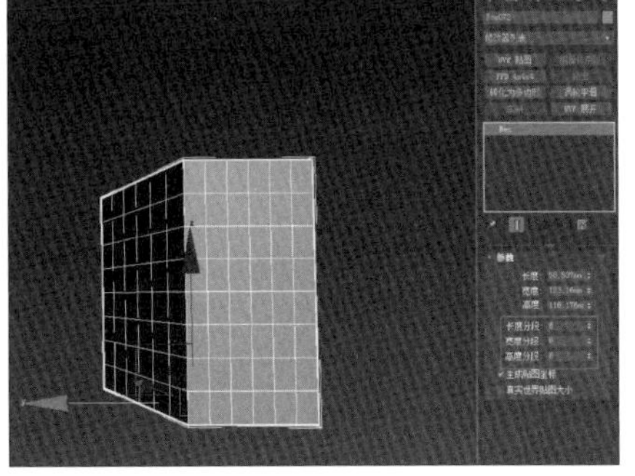

图 2-3-73

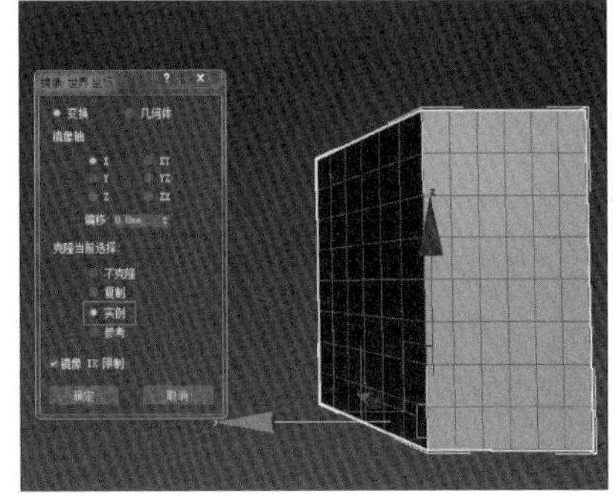

图 2-3-74

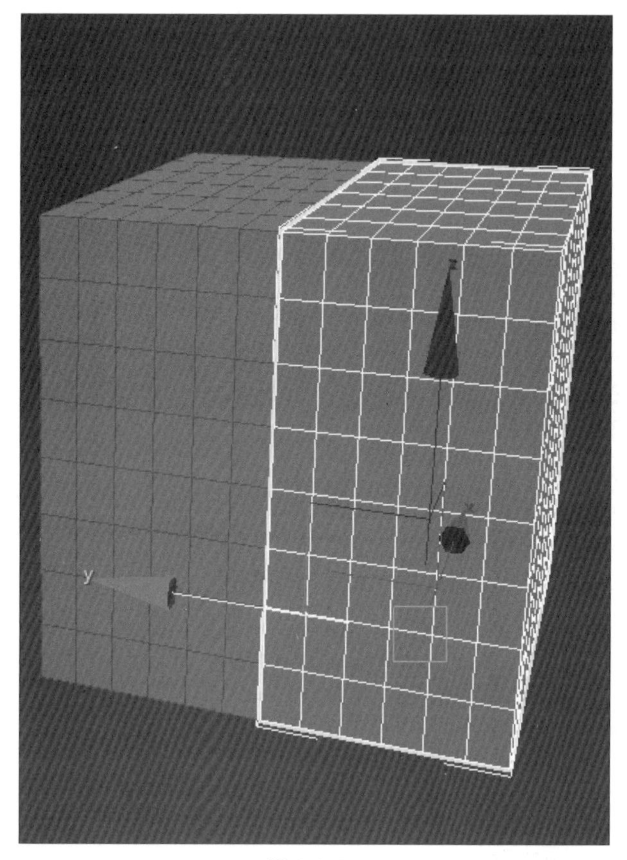

图 2-3-75

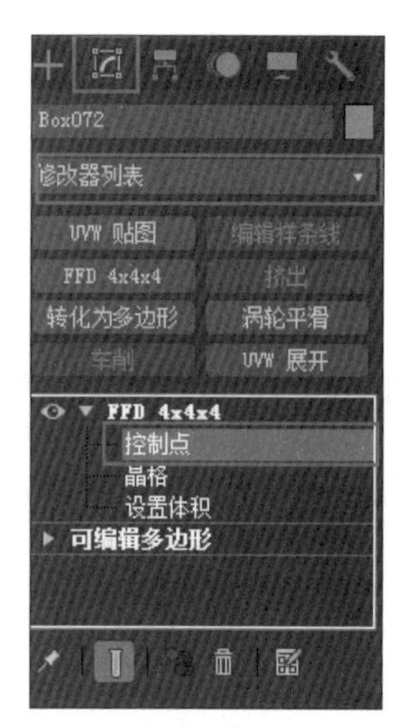

图 2-3-76

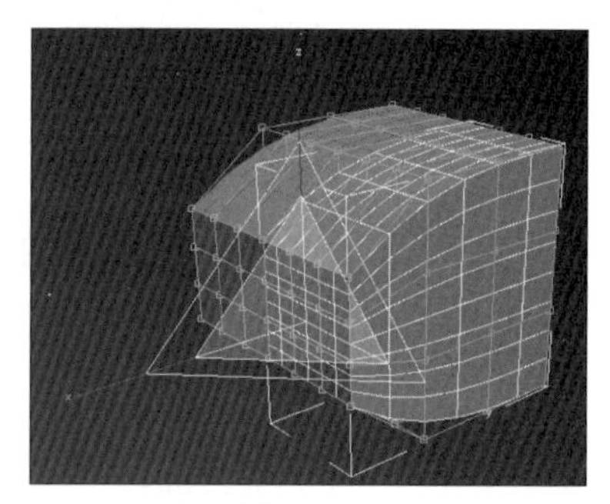

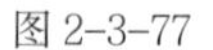

图 2-3-77

图 2-3-78

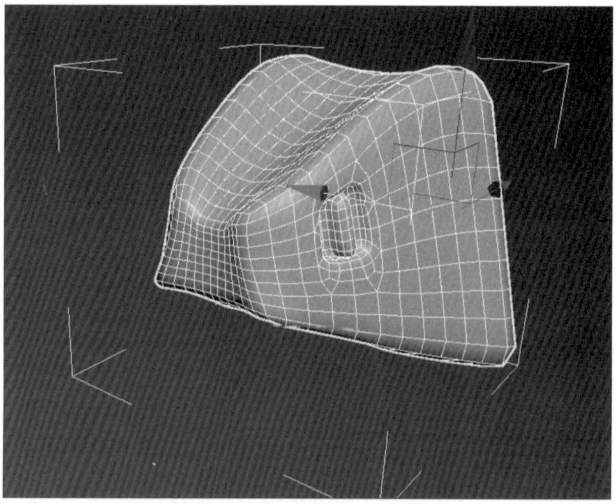

图 2-3-79

四、制作图书馆及其他建筑模型

在静园中，除主楼之外，图书馆是一栋重要的附属建筑。溥仪及其弟弟、妹妹曾在此读书学习。由于只需要制作图书馆的外延效果，因此我们使用 Sketchup 来制作，加快制作的速度。首先我们需要调整图书馆的平面图及主要立面图纸，删除多余的线，只留下外轮廓线，如图 2-3-80 和图 2-3-81 所示。

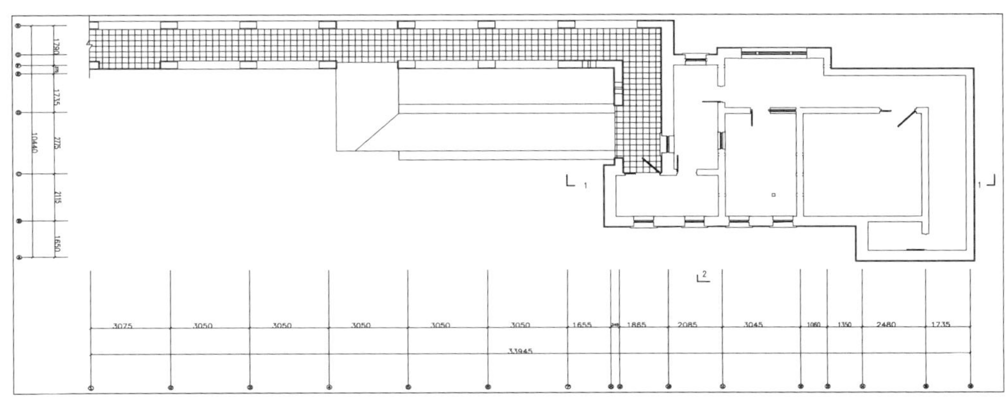

图 2-3-80

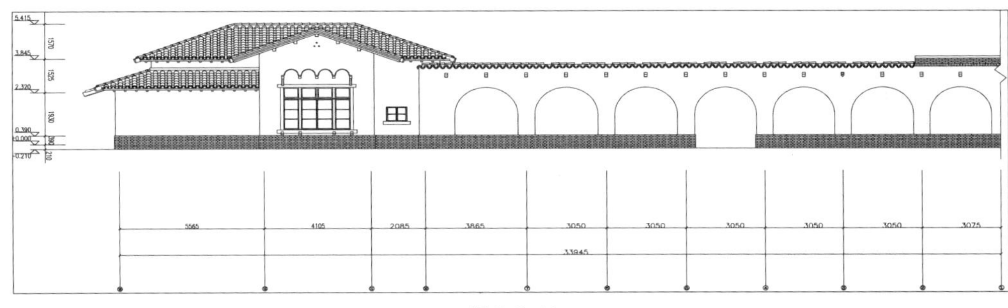

图 2-3-81

使用“文件”→“导入”命令将图纸导入 Sketchup 软件中，利用“直线”和“推 / 拉”工具（如图 2-3-82 所示）创建墙体，如图 2-3-83 所示。

根据 CAD 图纸里的尺寸，结合“卷尺”“矩形”“直线”“圆弧”“推 / 拉”等工具创建门窗，如图 2-3-84 和图 2-3-85 所示。

再用类似的方法创建屋顶。图书馆整体效果如图 2-3-86 所示。

在 Sketchup 中，将创建好的图书馆文件另存为“3DS 格式”，然后用 3ds Max 软件将其导入之前创建的主楼文件中，如图 2-3-87 所示。

利用 Sketchup 软件继续创建后楼、附楼、大门等部分，并将其合并至 3ds Max 文件中，如图 2-3-88 至图 2-3-90 所示。

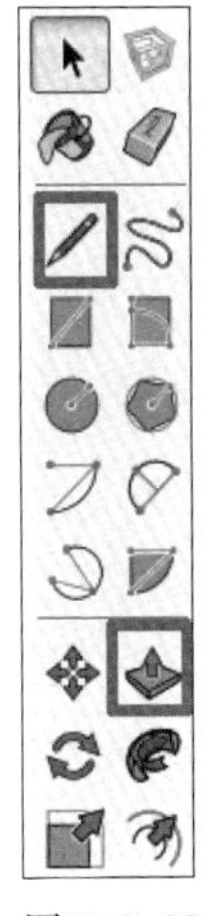

图 2-3-82

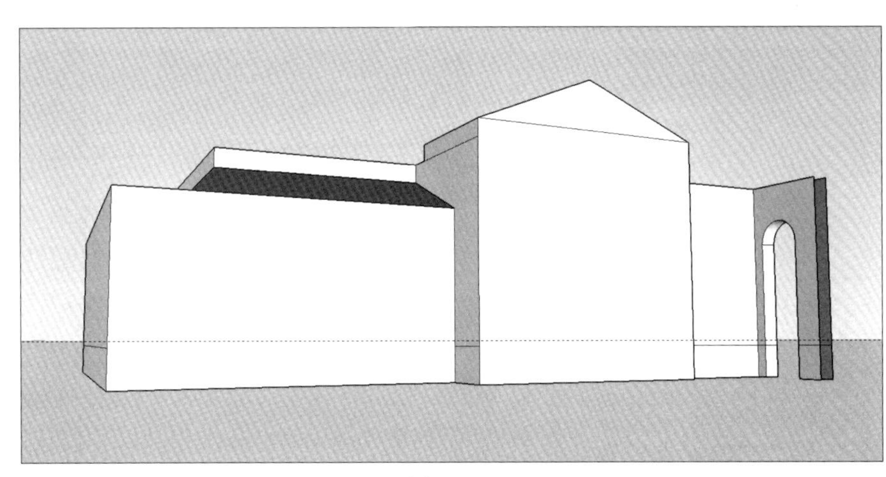

图 2-3-83

图 2-3-84

图 2-3-85

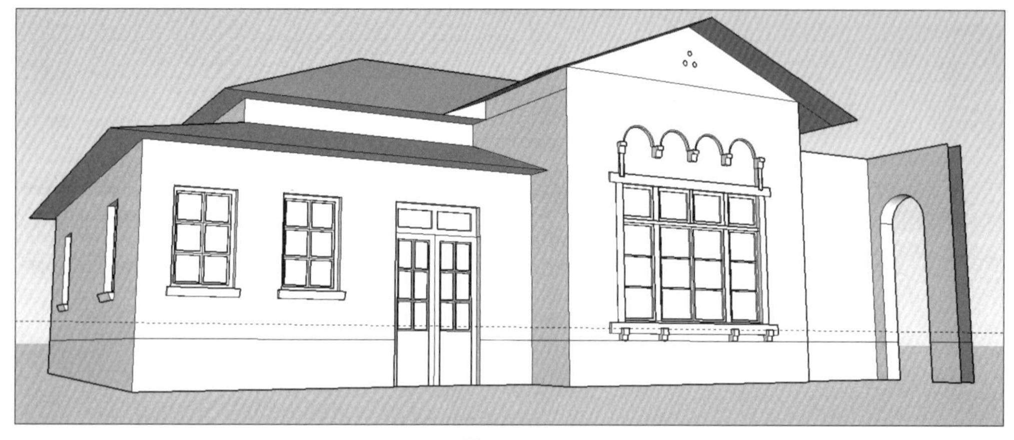

图 2-3-86

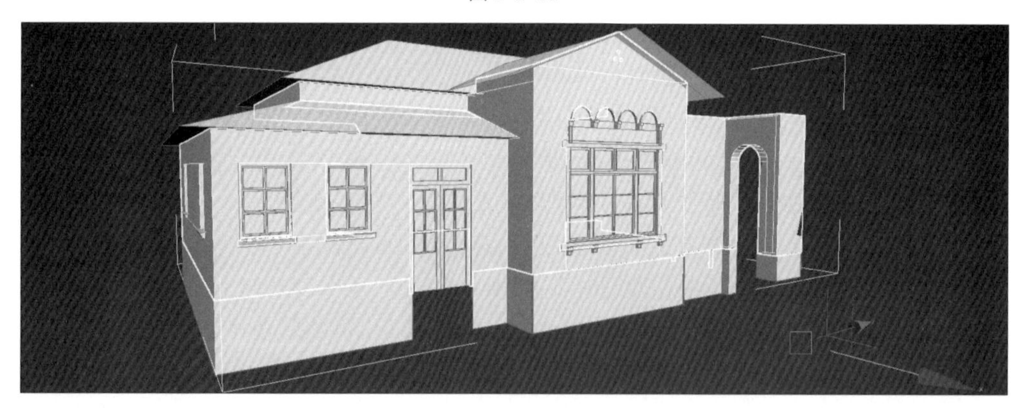

图 2-3-87

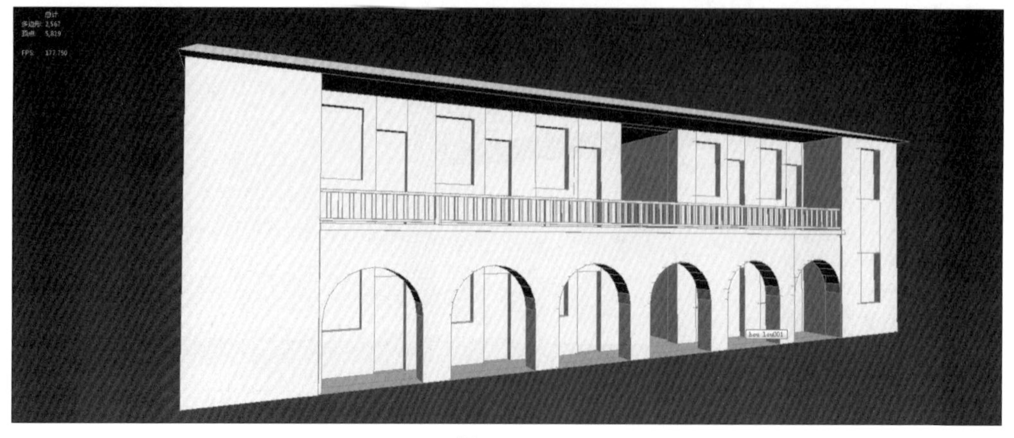

图 2-3-88

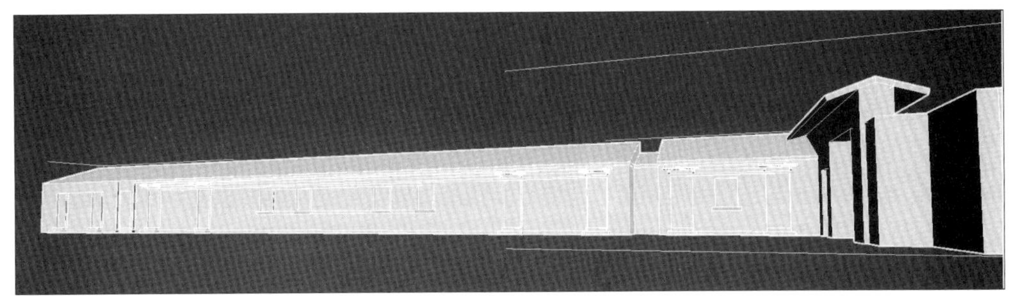

图 2-3-89

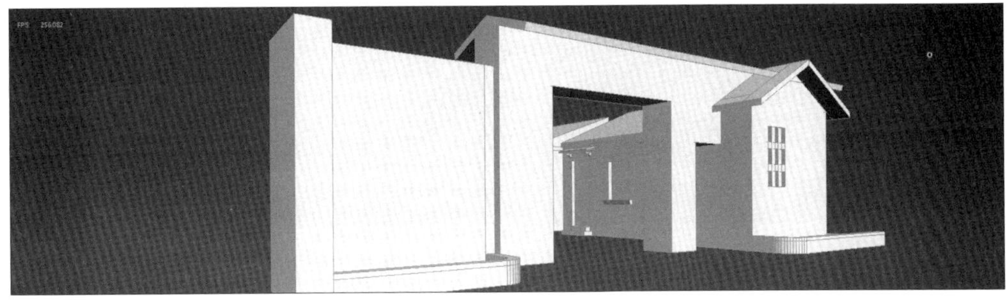

图 2-3-90

五、制作室外景观模型

静园的室外景观部分也是一大亮点，无论是主楼的大型坡道、西跨院的喷泉，还是造型别致的院墙，都彰显出静园精致、典雅的一面。

入口坡道是一个带有高低变化的弯曲表面，根据 CAD 图纸，我们可以在 3ds Max 软件中的右侧面板使用“创建”→“几何体”→“平面”命令，创建一个长 8000mm、宽 4000mm 的“平面”，将分段数改为“15”，如图 2-3-91 所示。然后，在“修改”面板中，选择“FFD 2×2×2”修改器，选择“控制点”层级，如图 2-3-92 所示。选中短边方向上的两个控制点，单击鼠标右键并在弹出的菜单中选择“移动”按钮。在弹出的“移动变换输入”对话框中，将“Z”轴参数修改为“1000.0mm”，使控制点向上移动，整体变成一个倾斜的表面，如图 2-3-93 所示。最后，再给斜面添加一个“弯曲”修改器，设置弯曲轴为“Y”，设置“角度”为 85 度左右即可，如图 2-3-94 所示。我们可以利用类似的方法，继续添加边坡和花坛，完成坡道的整体制作，如图 2-3-95 所示。

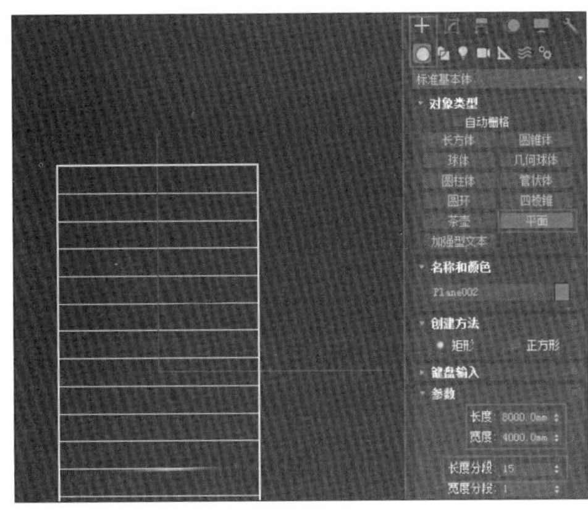

图 2-3-91

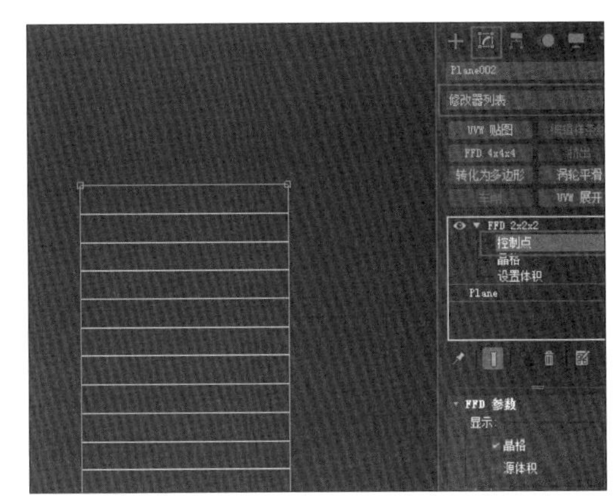

图 2-3-92

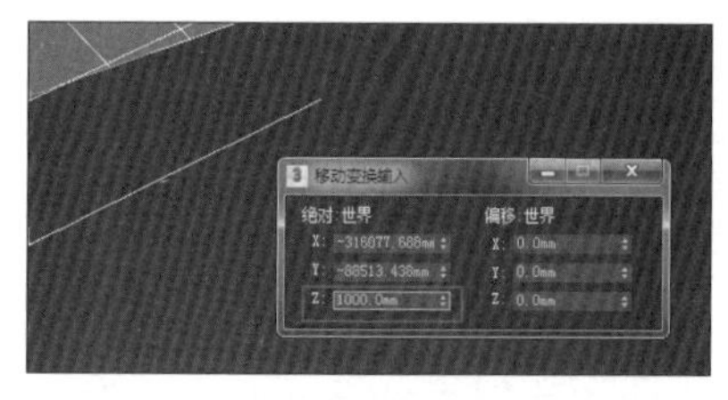

图 2-3-93

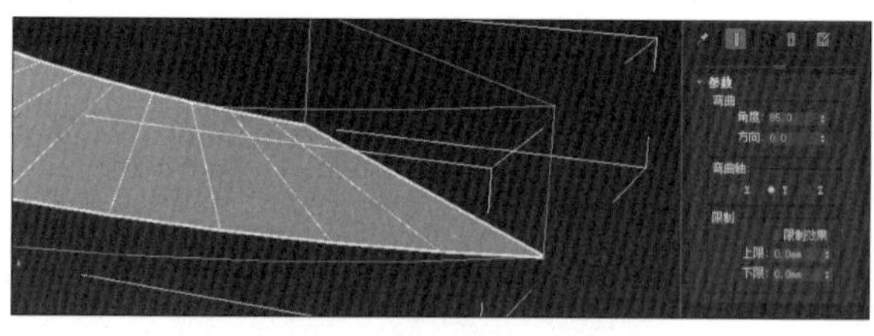

图 2-3-94

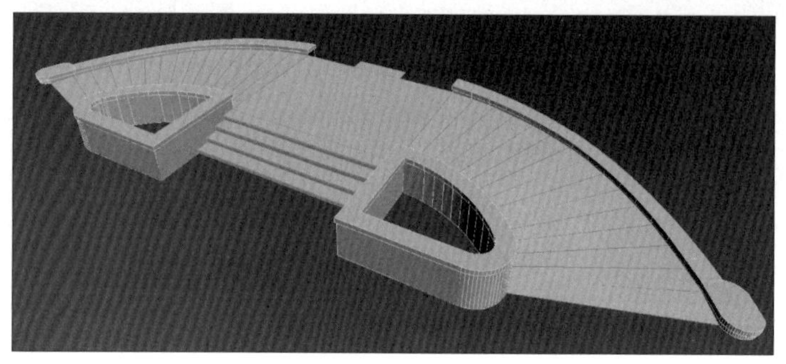

图 2-3-95

西跨院的喷泉是一处造型优美的景致，其中的龙头喷泉与主楼门厅内的喷泉遥相呼应，十分别致。创建这处景观，我们可以使用Sketchup软件结合CAD图纸进行，如图2-3-96所示。首先，将CAD立面图导入Sketchup，做好分割面片的工作，形成一个没有高差的立面，如图 2-3-97 所示。需要注意的是，将 CAD 图纸导入 Sketchup 软件是曲线转为多边形直线段的过程，可能会出现线与线交接不能形成面的情况。如果想要处理好面片，使其按照要求分割恰当，则可能需要在 Sketchup 中补充一些线段。

在处理好分割立面的基础上，使用“推 / 拉”工具将其推出厚度，如图 2-3-98 所示。

下面继续制作台基和水池等内容，由于 CAD 图纸内容与实际情况存在出入，因此这里按照实际景观制作数字模型，如图 2-3-99 所示。

最后，在柱础的基础上制作立柱和廊架，如图 2-3-100 所示。

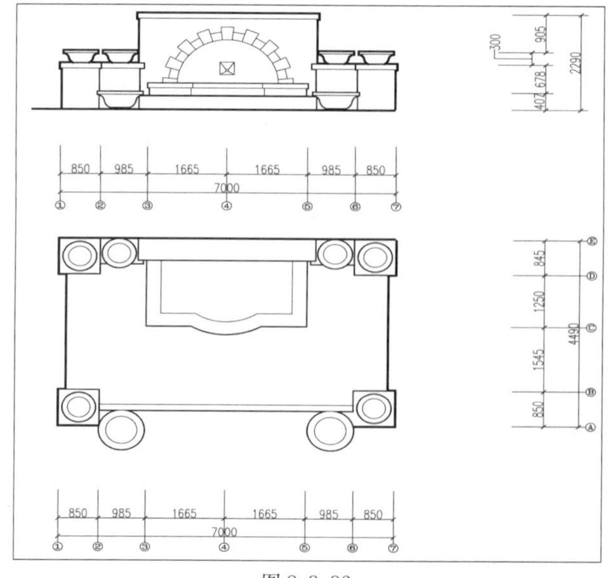

图 2-3-96

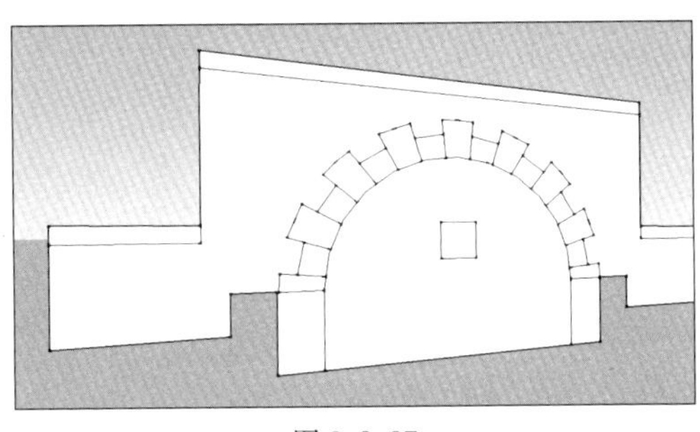

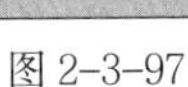

图 2-3-97

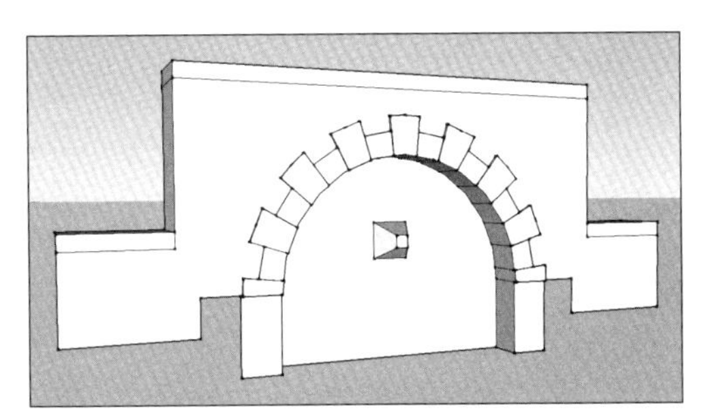

图 2-3-98

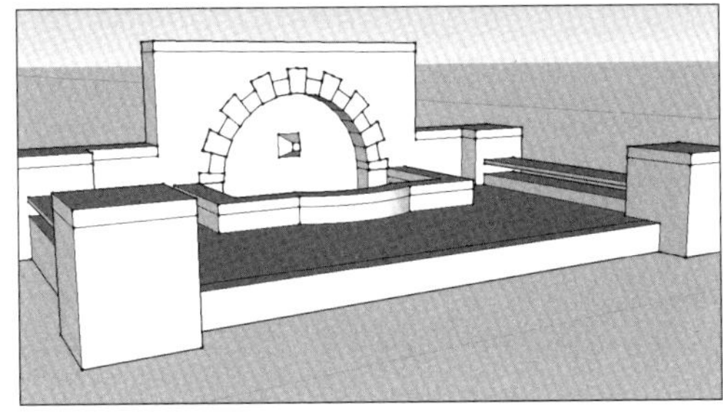

图 2-3-99

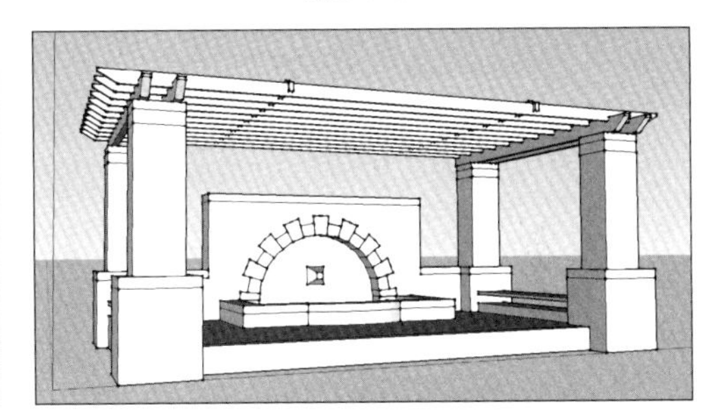

图 2-3-100

围墙的制作方法与西跨院的喷泉类似，但制作围墙缺少 CAD 图纸的辅助，因此，在制作过程中是通过实地测量获得的数据。围墙的整体效果是通过连续复制一个相似的单元形成的，因此我们可以先制作一个单元的墙体，再进行复制即可。首先，创建一个宽为 3500mm、高为 5000mm 的矩形面片，再使用“直线”“圆弧”等工具进行细节的描绘，如图 2-3-101 所示。然后使用“推 / 拉”工具推出厚度，如图 2-3-102 所示。

将创建好的墙体单元复制到院落北侧、西侧的围墙上，创建南侧围墙，以及西侧围墙与南侧围墙交接处的墙体模型，如图 2-3-103 和图 2-3-104 所示。

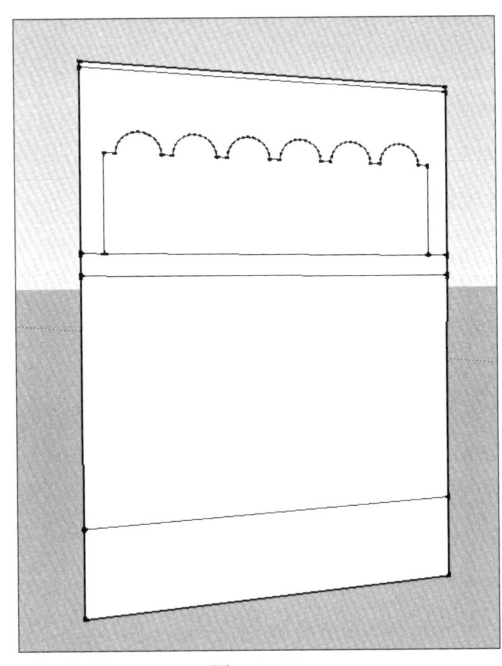

图 2-3-101

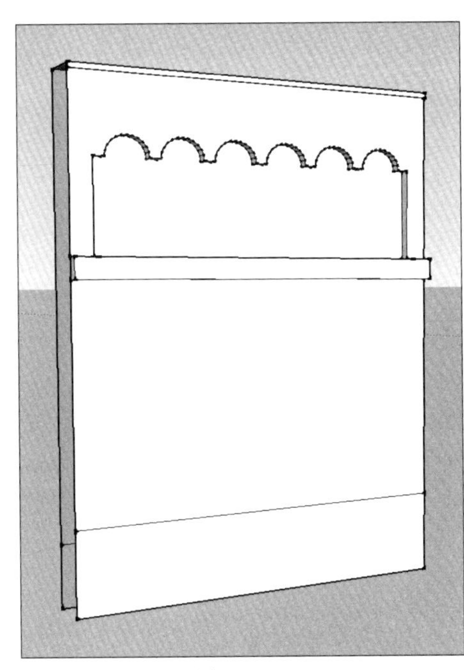

图 2-3-102

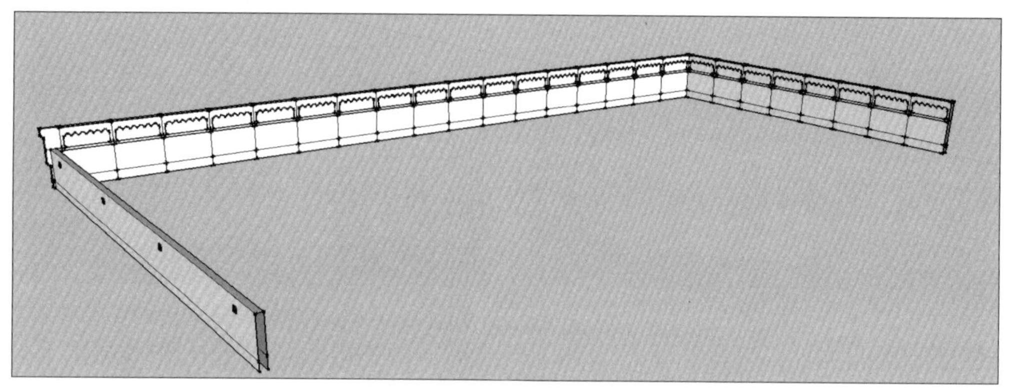

图 2-3-103

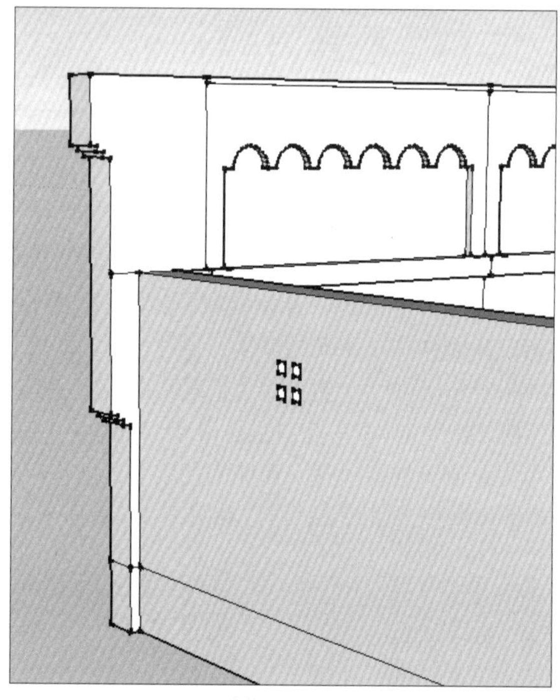

图 2-3-104

接下来，制作屋顶上的筒瓦。筒瓦是西班牙建筑风格的典型代表材料，想要把数字静园制作得让人有身临其境之感，达到完美效果，就必须制作出筒瓦的细节。经过试验，筒瓦的制作有几处难点。按照以往的制作经验，瓦片可以由贴图代替，这也是带有屋顶瓦片的三维作品的一般做法，但是这种方式制作出的筒瓦无法近距离观看，也就影响了数字静园的漫游效果。然而，如果完全按照筒瓦的三维实际情况来制作弧形瓦片，层层叠加会产生大量面片，导致最后形成的虚拟数字漫游效果出现卡顿，影响用户体验。经过数次试验，我们采用了一种折中的方案，即利用多边形来代替弧形，通过材质的颜色变化，模拟瓦片叠层。这样既能实现良好的视觉效果，又能减少面片数量，提升用户体验。

首先，使用“创建”→“图形”→“多边形”命令，画出一个边数为“10”的多边形，如图 2-3-105 所示。

在创建的多边形上单击鼠标右键，将其转化为“可编辑样条线”。在右侧面板中选择“线段”层级，将图形的下半段“线段”删除，如图 2-3-106 所示。

选择可编辑“样条线”层级，使用“轮廓”命令为其创建一个向内部偏移距离为 10 的封闭轮廓线，如图 2-3-107 所示。

使用“修改”→“挤出”命令，在“数量”参数中输入“1000.0mm”，如图 2-3-108 所示。

在创建的物体上单击鼠标右键，将其转化为“可编辑多边形”并进行复制与旋转，利用“点”层级调整长度，然后将物体背面不可见的面删除，调整后的效果如图 2-3-109 所示。

使用“复制”命令，将单个图形复制 10 或 11 个，并创建群组，如图 2-3-110 所示。

最后，将瓦片旋转到合适的角度，在“可编辑多边形”工具中调整“点”层级中点的位置，使其符合屋顶筒瓦的排列方式，如图 2-3-111 所示。

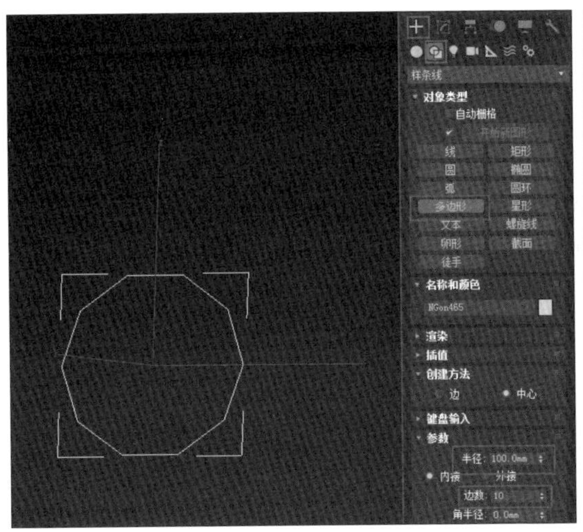

图 2-3-105

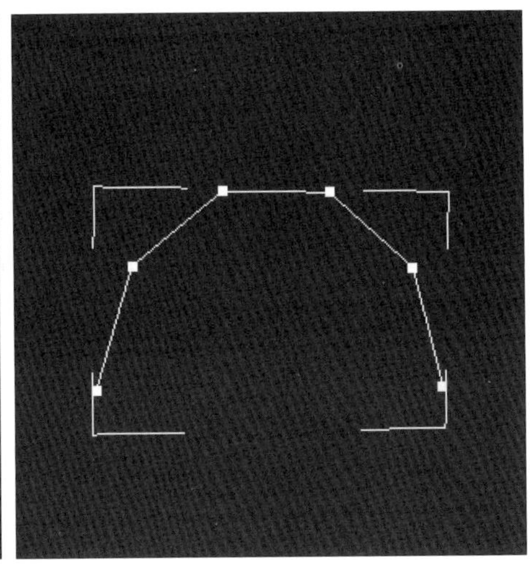

图 2-3-106

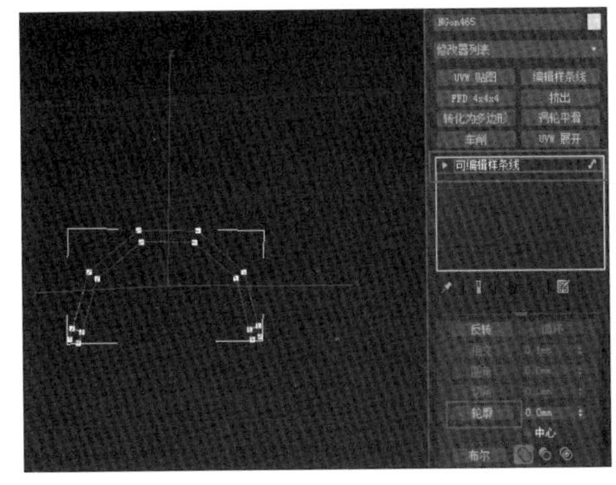

图 2-3-107

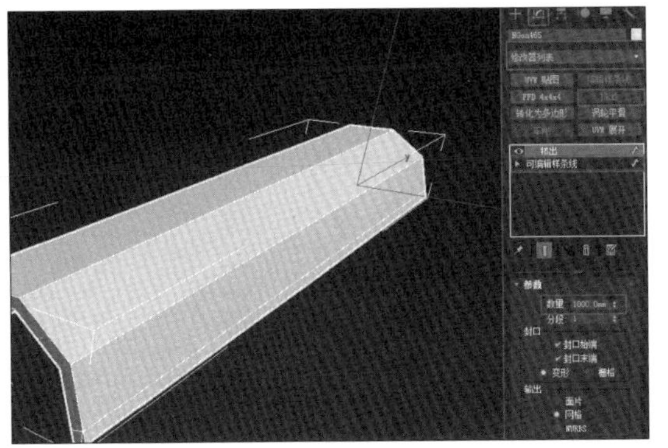

图 2-3-108

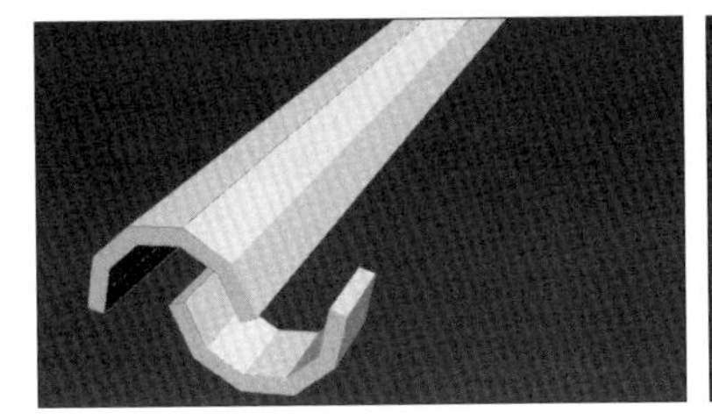

图 2-3-109

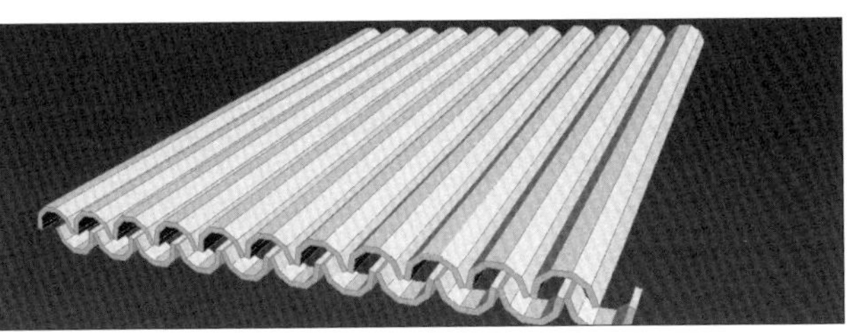

图 2-3-110

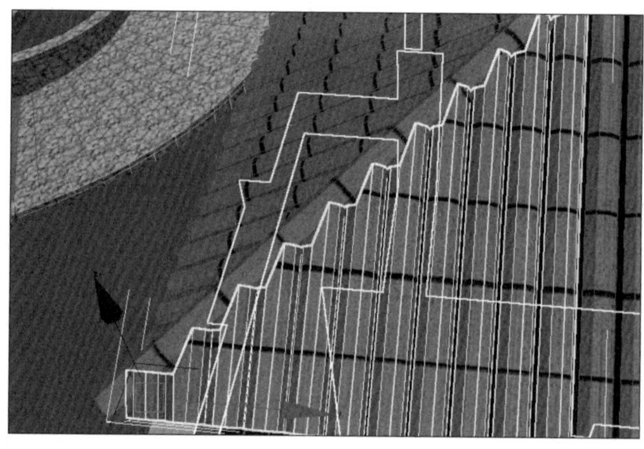

图 2-3-111

六、合并创建文档

当前面所有的模型创建完成后，便可以将所有部分合并成一个文档。由于使用 Sketchup 软件制作的文档是不能使用 3ds Max 打开的，因此就需要在 Sketchup 程序中将前面制作的内容全部导出为“3DS”格式，如图 2-3-112 和图 2-3-113 所示。

然后，在 3ds Max 中打开创建好的主楼模型，选择菜单栏“文件”→“导入”后，先后执行“导入”与“合并”命令，以导入 Sketchup 文档及合并 3ds Max 文档，如图 2-3-114 和图 2-3-115 所示。

合并后，需要使用“可编辑多边形”功能将 Sketchup 制作的模型，按照材质分成不同的物体。然后给模型附加不同颜色的材质（主要材质区分颜色即可），设定名称，归类到不同的图层中，最终效果如图 2-3-116 至图 2-3-119 所示。

图 2-3-112

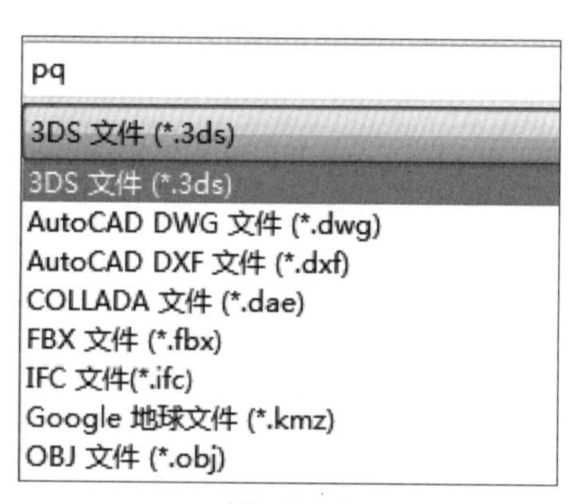

图 2-3-113

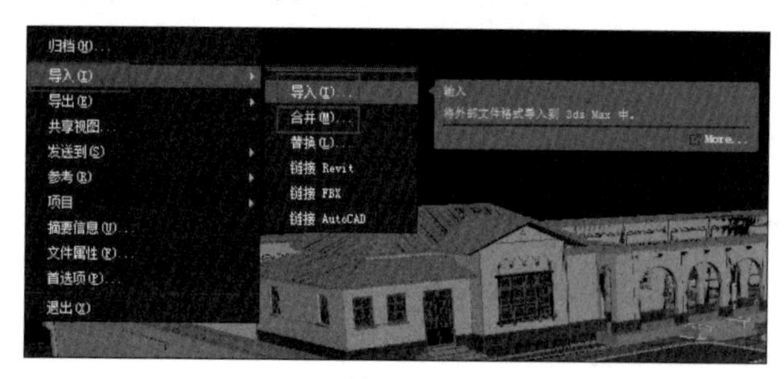

图 2-3-114

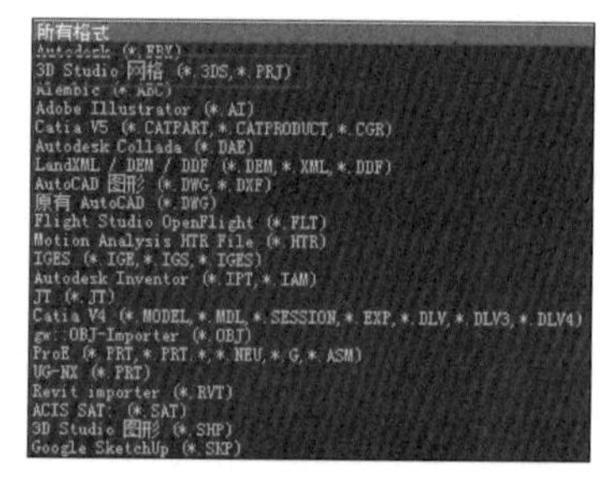

图 2-3-115

图 2-3-116

图 2-3-117

图 2-3-118

图 2-3-119

第四节 静园模型的贴图设置

创建好模型后，需要依照模型的表面特性赋予其不同的材质，如果表面有比较明确的纹理特点，还需要为模型附加不同的纹理贴图。但如果将贴图直接附加在模型上，就可能会出现比例不符、位置错乱的情况，因此，需要对模型的贴图进行调整。

需要说明的是，我们的模型需要导出到 UE4 中进行后续工作，而在 UE4 中正常运行就需要两套纹理贴图，一套贴图表达物体表面的纹理效果，另一套贴图则在对物体的灯光烘焙中使用。鉴于数字静园的模型特征，我们可以在 3ds Max 中提前将两套纹理贴图调整好。第一套纹理贴图使用“UVW 贴图”命令来制作，第二套纹理贴图使用“UVW 展开”命令来制作。

一、制作静园模型的第一套贴图

第一套贴图设置的主要目的是要体现贴图表现的正确。因此要操作这一步骤，就需要为材质附上贴图纹理。这里使用外墙墙基的深色砖头材质来进行示范。首先需要找到一张适合的砖墙纹理图片作为贴图，如图 2-4-1 所示。

为材质球设定名称后，单击“漫反射”后边的小方块，即漫反射贴图通道，如图 2-4-2 所示。选择“位图”作为贴图种类，在“位图种类”→“位图”一栏找到砖墙贴图的路径，如图 2-4-3 所示。这样材质球上就有了砖墙的纹理。单击“视口中显示明暗处理材质”按钮以在透视视图中显示纹理，如图 2-4-4 所示。

图 2-4-1

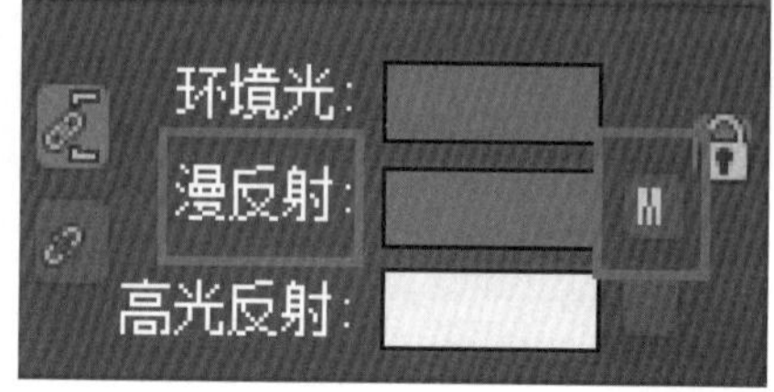

图 2-4-2

图 2-4-3

图 2-4-4

如果单击了“视口中显示明暗处理材质”按钮后，视口中的模型并没有正确显示出贴图纹理，如图 2-4-5 所示，那就是因为物体的 UVW 贴图没有设置好。此时选中物体，在“修改”→“修改器列表”中选择“UVW 贴图”，如图 2-4-6 所示。

修改贴图类型为“长方体”，将长度、宽度、高度的参数全部修改为“800.0mm”，此时，模型纹理显示正确，如图 2-4-7 所示。

按照这种方式，我们可以将其他模型的第一套贴图纹理调整好。需要注意的是，如果是三维模型，贴图类型设置为“长方体”，如果是平面模型，贴图类型则设置为“面”就可以了。同时长度、宽度、高度的参数也需要参考贴图的实际尺寸来进行调整。

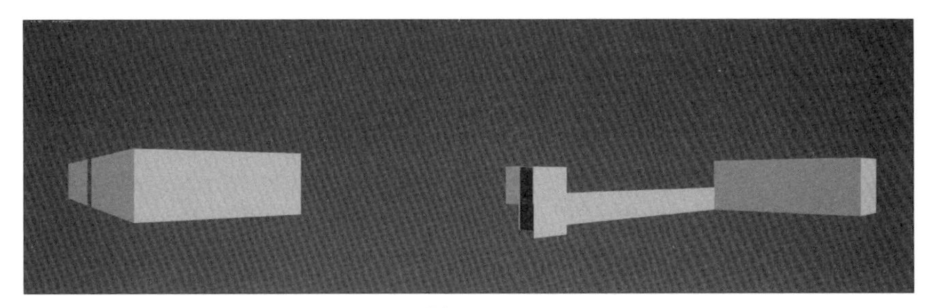

图 2-4-5

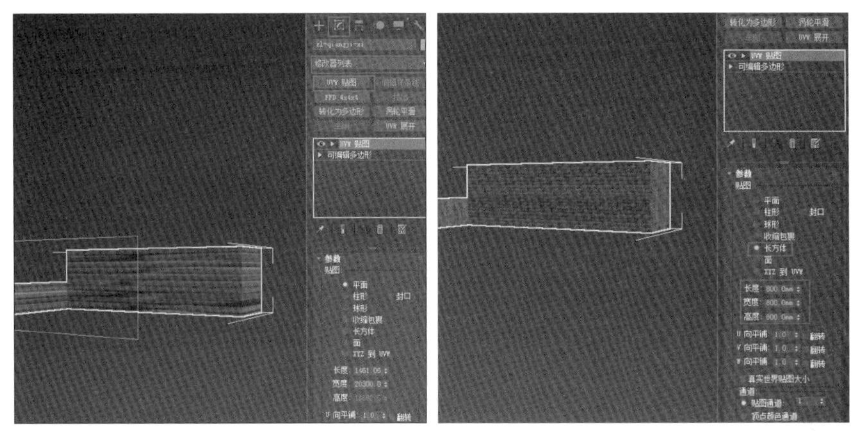

图 2-4-6　　　　图 2-4-7

二、制作静园模型的第二套贴图

第二套 UVW 贴图的调整相对简单，只是在 UE4 中用于制作光照贴图。这里还是利用前面使用的主楼砖墙模型来进行演示。选中模型，在“修改”→“修改器列表”中选择“UVW 展开”，如图 2-4-8 所示。

在“通道”面板中，将“贴图通道”旁的参数修改为“2”，此时弹出“通道切换警告”面板，单击“移动”按钮，如图 2-4-9 所示。

在“编辑 UV”面板中单击“打开 UV 编辑器”按钮，如图 2-4-10 所示。在弹出的对话框面板中，找到右侧的“排列元素”部分，单击“紧缩规格化”按钮，如图 2-4-11 所示。这样第二套 UVW 贴图就完成了。

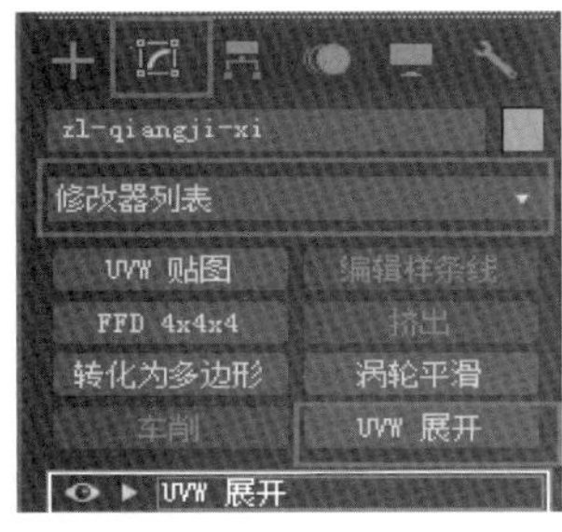

图 2-4-8

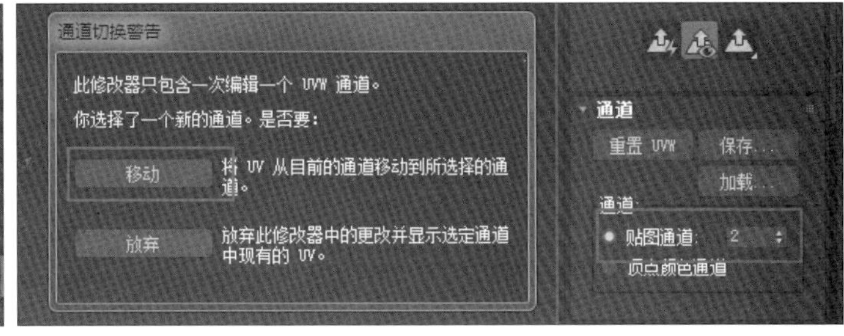

图 2-4-9

图 2-4-10

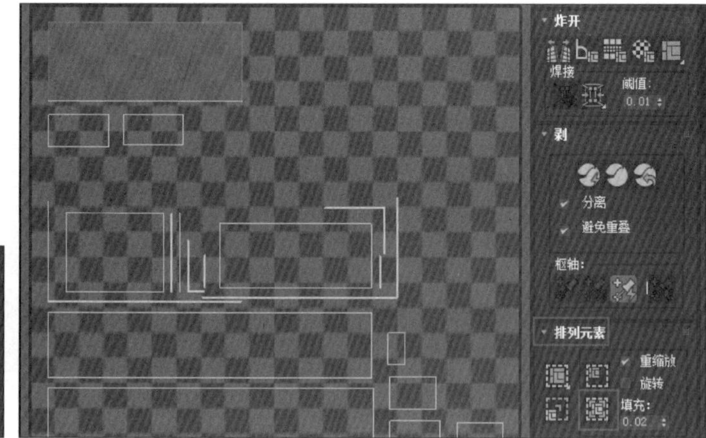

图 2-4-11

以上是一种比较简单的制作方法，适用于类似外沿墙体这类面片比较规整的模型。但是一些造型相对复杂的模型，就不能简单地一键生成了。例如数字静园中庭院内的大型喷泉模型，其面片较多，又是曲面造型，就需要对面片进行手动切割。

首先选择喷泉中的一级碗状模型，如图 2-4-12 所示。与前文所述的操作类似，在“修改”→“修改器列表”中选择“UVW 展开”，将“贴图通道”调整为“2”。然后，单击“打开 UV 编辑器”按钮。但此时如果直接单击“紧缩规格化”按钮并不能使贴图正确展开，如图 2-4-13 所示。

正确的做法是对表面进行手动切割。单击“编辑 UVW”面板中“边”的层级按钮，如图 2-4-14 所示。

单击视窗中红色边的位置，如图 2-4-15 所示。选择“编辑 UVW”面板中的“循环 UV”按钮，如图 2-4-16 所示。视窗中与刚才所选的红色边相关的一整圈边，全部被选中并变成红色，如图 2-4-17 所示。

单击“炸开”面板中的“断开”按钮，如图 2-4-18 所示。此时，视图中的边变为玫红色（玫红色表示被选中，绿色表示未被选中）。单击视窗中的竖向边，如图 2-4-19 所示。单击“循环 UV”按钮，这时视图中被选中的边变为玫红色，如图 2-4-20 所示。

单击“断开”按钮，再单击“剥”面板中的“快速剥”按钮，此时效果如图 2-4-21 所示，模型被展开成一个圆形的面片和一个扇形的面片。单击“紧缩规格化”按钮，使两个面片在图中最大化排列，如图 2-4-22 所示。

使用以上方式，对所有模型添加第一、第二套贴图设置。

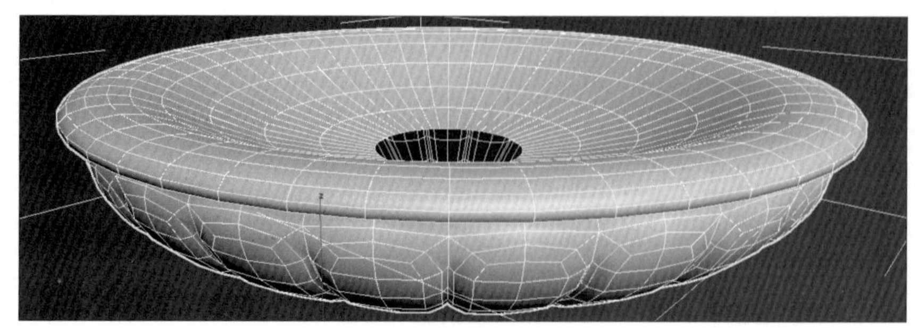

图 2-4-12

扫码看彩图

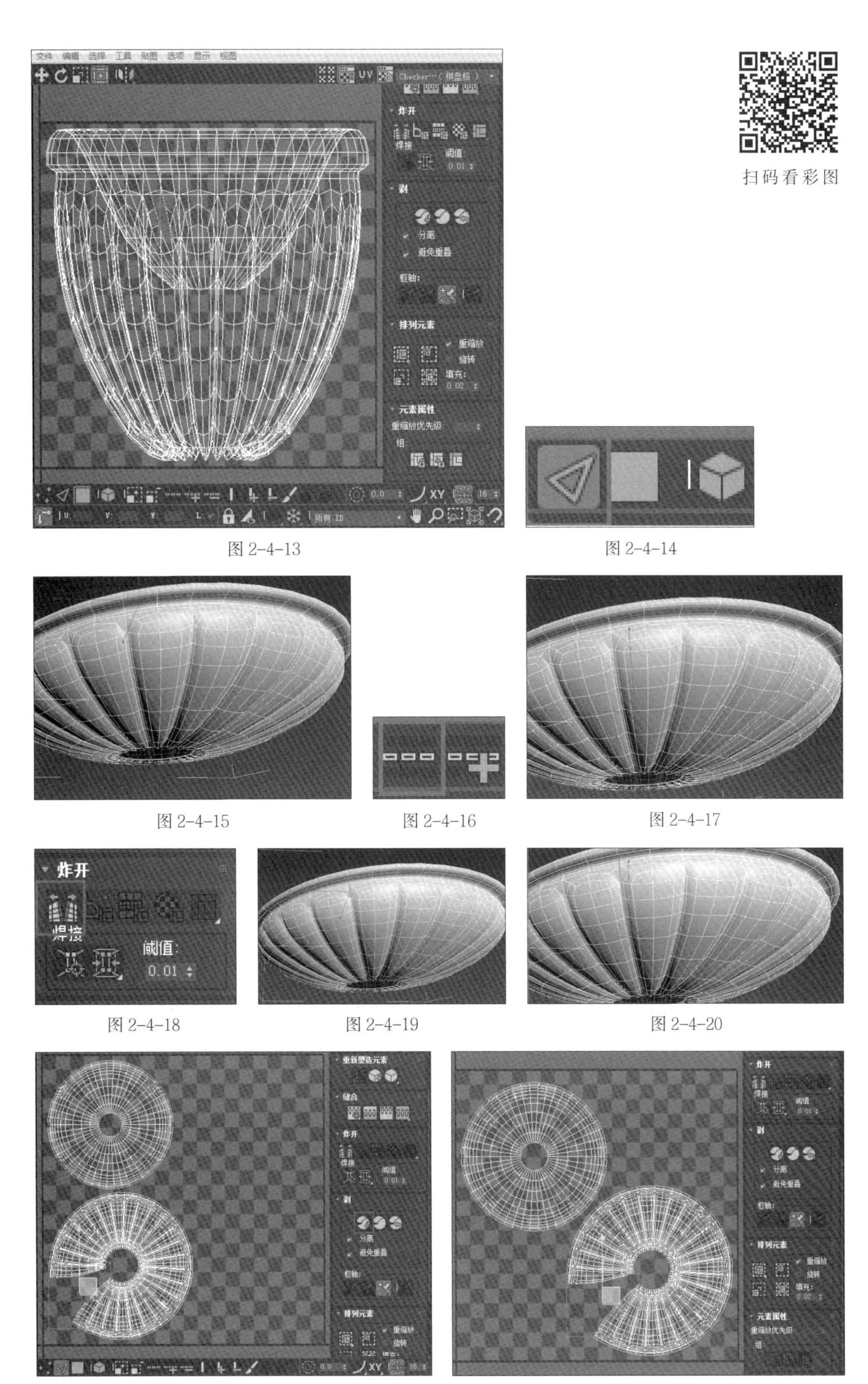

图 2-4-13

图 2-4-14

图 2-4-15

图 2-4-16

图 2-4-17

图 2-4-18

图 2-4-19

图 2-4-20

图 2-4-21

图 2-4-22

第五节 数字静园的导出与导入

完成前面的操作之后，数字静园场景的 3ds Max 工作已经基本完成，接下来需要将 3ds Max 模型导出至 UE4 中继续工作。

一、数字静园的 3ds Max 导出

第一，检查所有的模型是否已经按照规则设定相应的名称，以便于后期模型出现问题时，通过名称就可以很方便地对其进行查找和修改。同时，在 UE4 中，相同名称的模型可以直接进行替代，因此，对模型名称的把控，是制作大型数字项目的一个重要环节。

第二，检查模型的法线朝向是否正确，因为如果将错误的法线朝向带入 UE4 中，可能会产生很大的问题。这里使用主楼屋顶示例，将物体单独显示，如图 2-5-1 所示。

在视窗中单击鼠标右键，选择“转换为”→“转换为可编辑网格”命令，如图 2-5-2 所示。

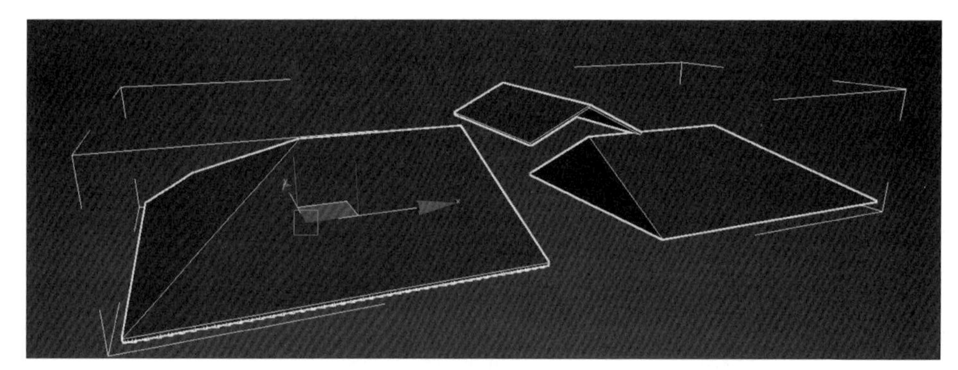

图 2-5-1

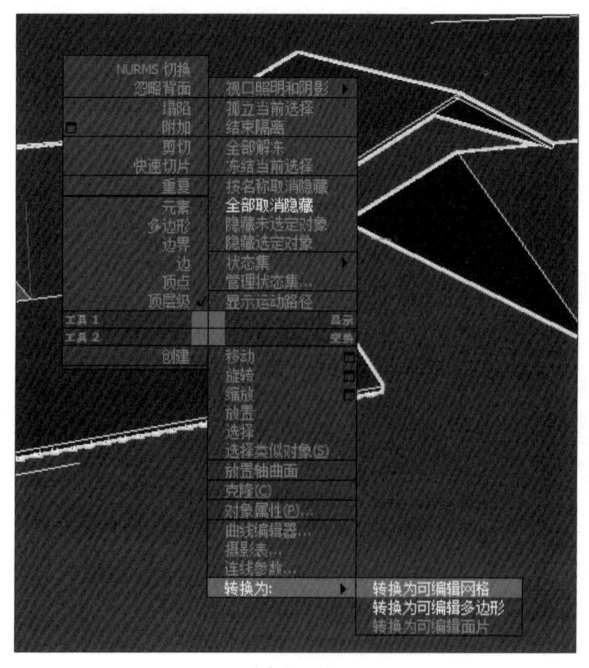

图 2-5-2

在右侧面板中选择“多边形”层级，将“显示法线”前的方块上打“√”，并将比例旁边的数据改为“1000.0”（此数据应依据模型大小调整，对于屋顶这种体量的模型，可以选择 1000，如果模型较小，此数据应改小），如图 2-5-3 所示。

此时，选择相应的面片，可以看到面片的表面有两个代表法线方向的蓝色线段，此为面片的正方向，如图 2-5-4 所示。如此可以查看模型表面的法线方向，此后可以使用此方法查看所有可疑模型的法线问题。注意查看后需要将模型转换回可编辑多边形。

第三，将所有模型按照图层归纳好。对于大型项目来说，可以按照图层来导出模型。导出单个图层时，需将其他图层隐藏，单击图层前面的“眼睛”图标即可，如图 2-5-5 所示。

双击“主楼”图层或按下“Ctrl”+“A”键，选择“主楼”图层的所有模型，如图 2-5-6 所示。在菜单栏中选择“文件”→“导出”→“导出选定对象”命令，如图 2-5-7 所示。在弹出的“选择要导出的文件”对话框中，选择保存为“Autodesk”格式文件，如图 2-5-8 所示。

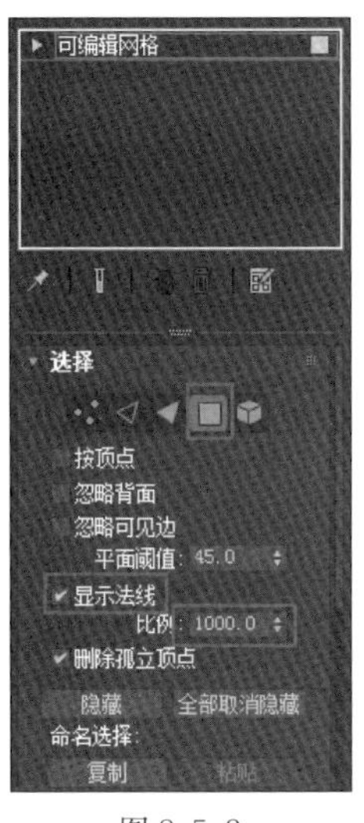

图 2-5-3

图 2-5-4

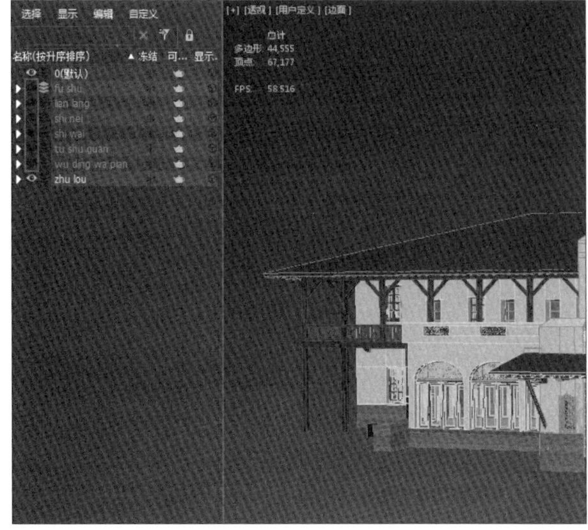

图 2-5-6

图 2-5-5

扫码看彩图

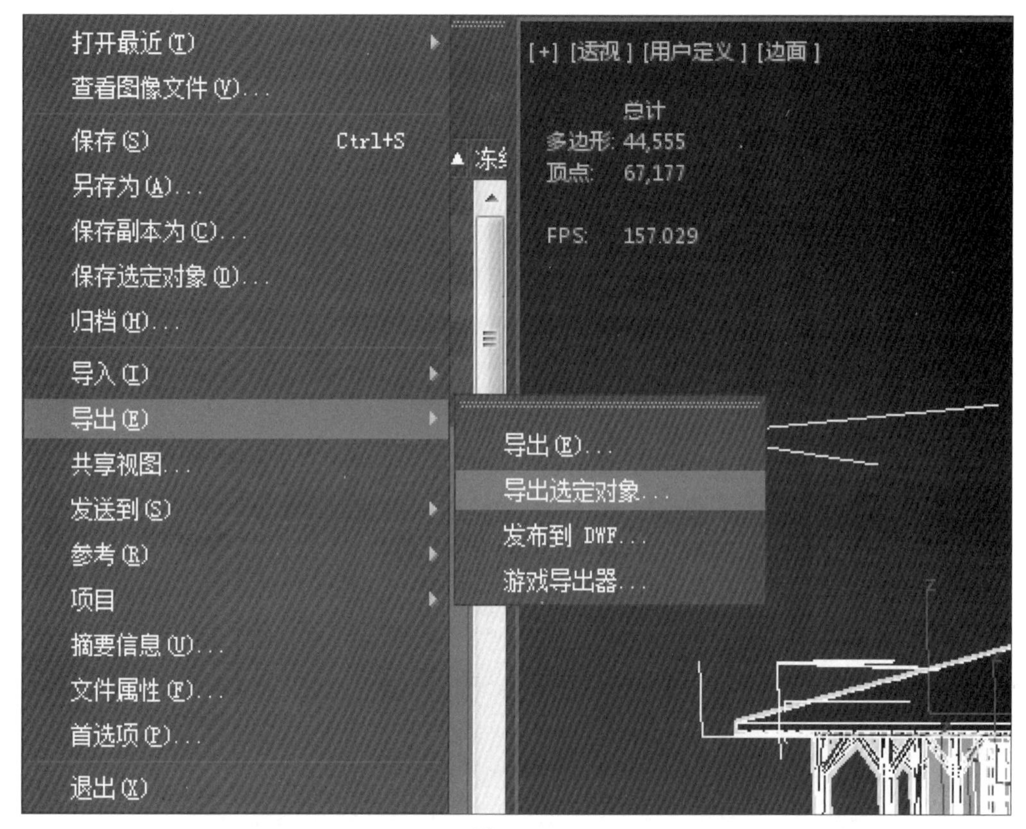

图 2-5-7

Autodesk (*.FBX)
Autodesk (*.FBX)
3D Studio (*.3DS)
Alembic (*.ABC)
Adobe Illustrator (*.AI)
ASCII 场景导出 (*.ASE)
Arnold Scene Source (*.ASS)
Autodesk Collada (*.DAE)
发布到 DWF (*.DWF)
AutoCAD (*.DWG)
AutoCAD (*.DXF)
Flight Studio OpenFlight (*.FLT)
ATF IGES (*.IGS)
gw::OBJ-Exporter (*.OBJ)
PhysX 和 APEX (*.PXPROJ)
ACIS SAT (*.SAT)
LMV SVF (*.SVF)
所有格式

图 2-5-8

设置好路径和文件名称后，单击“保存”按钮，此时弹出“FBX 导出”对话框，在“几何体”面板中勾选“平滑组”，在“嵌入的媒体”面板中勾选“嵌入的媒体”，如图 2-5-9 所示。

因为 UE4 的单位是厘米，所以我们需要在“高级选项”面板中，取消勾选“自动”选项，将场景单位转化为“厘米”，此时比例因子显示为 0.1，导出后的模型缩小至原来的 1/10，如图 2-5-10 所示。

使用以上方法，分别导出图层，至此完成 3ds Max 模型的导出环节。

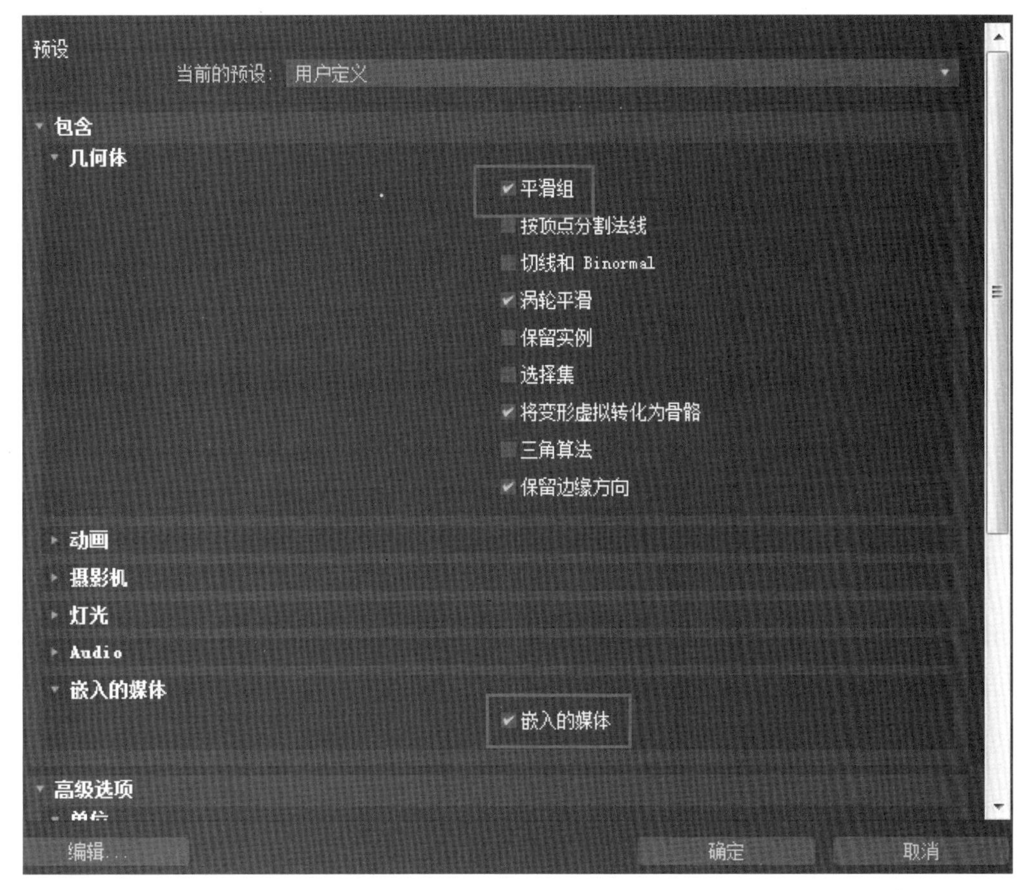

图 2-5-9

图 2-5-10

二、数字静园的 UE4 导入

UE4 是 Unreal Engine 4 的缩写，中文名为第 4 代虚幻引擎，是 Epic Games 公司发行的一款游戏引擎。与 1998 年发布的第一代虚幻引擎相比，第 4 代虚幻引擎已经成为整个游戏行业运用程度最高、范围最广、画面标准较高的一款数字场景制作引擎。它在游戏、教育、影视、动画等行业都有着大量的应用，也产生了数量众多的优秀作品。虚幻引擎可以免费下载和安装使用，只有当发行的作品在产品生命周期内的总营收超过 100 万美金时，才会触发 5% 的分成费用。

登录官方网站下载 UE4，需要先下载 Epic 启动器，然后在启动器中进行 UE4 软件的下载。我们下载的 UE4 版本为 4.26.1，约 37.3G。在启动器中除了可以下载软件外，Epic 商城还提供了一些素材资源，其中很多都是可以免费下载使用的，本次数字静园中的大量植物素材都是 Epic 商城中的免费资源。

在进行模型导入前，首先创建一个 UE4 项目。

打开 Epic 启动器，注册 Epic 账号，在启动器中下载好 UE4 后，单击“库”页面，启动 UE4，如图 2-5-11 所示。

在“选择或新建项目”面板中选择“游戏”，单击下一步，如图 2-5-12 所示。

在“选择模板”面板中，选择“空白”，单击下一步，如图 2-5-13 所示。

在“项目设置”面板中设置文件路径、文件名称，注意名称中不能有中文字符，否则程序可能会出现运行错误，最后用鼠标左键单击“创建项目”，如图 2-5-14 所示。

进入项目后的界面，如图 2-5-15 所示。

图 2-5-11

图 2-5-12

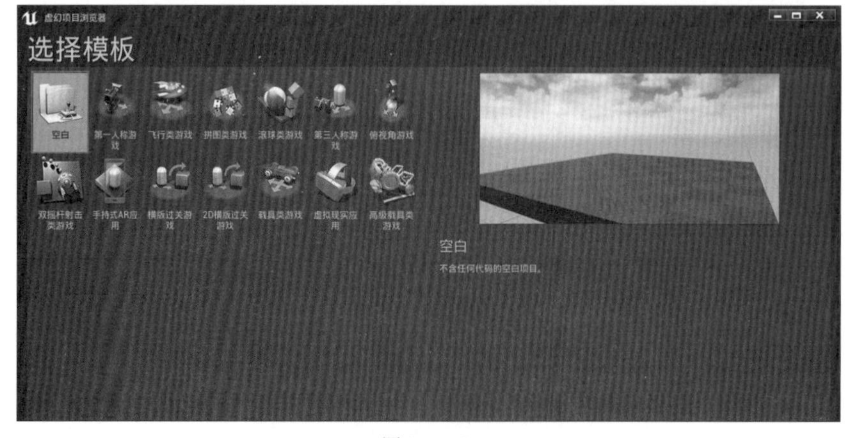

图 2-5-13

图 2-5-14

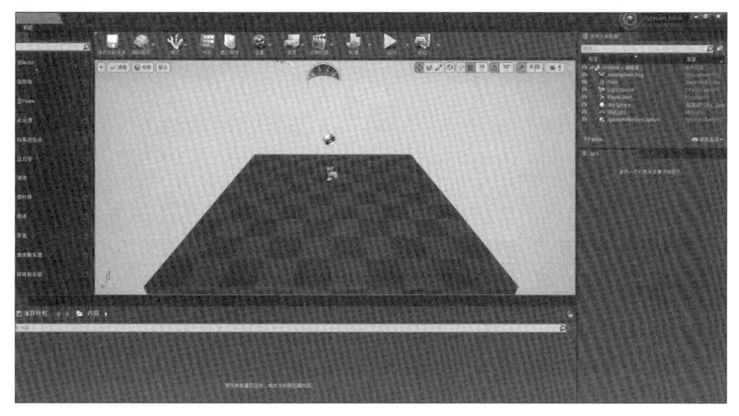

图 2-5-15

主菜单栏及模式面板、关卡编辑器及操作视口、世界大纲视图面板、细节面板，以及资源浏览器，如图 2-5-16 至图 2-5-20 所示。

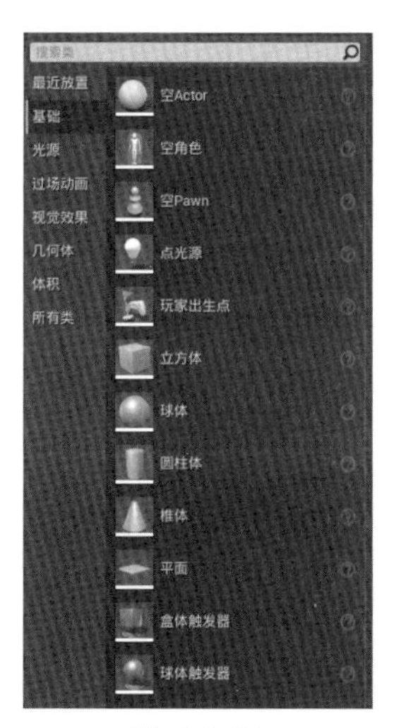

图 2-5-16

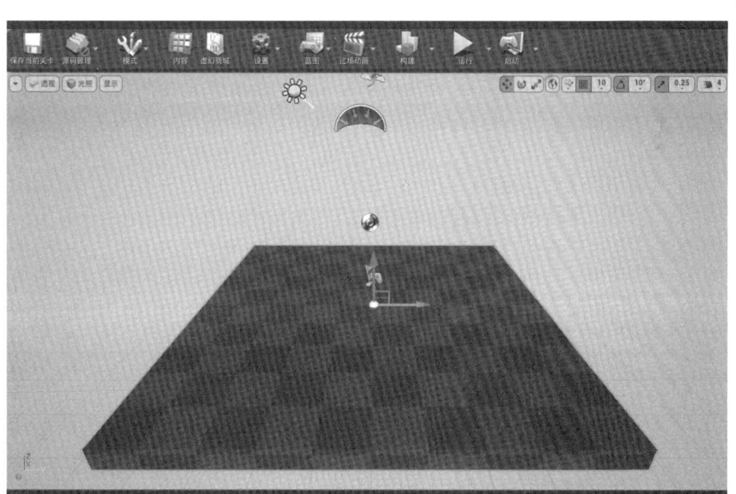

图 2-5-17

图 2-5-18

图 2-5-19

图 2-5-20

导入模型前，先将场景中默认的地板和反射捕捉球删除，如图 2-5-21 所示。

在内容浏览器中单击“显示或隐藏”按钮，可以看到浏览器的文件夹层级。在“内容”文件夹下，单击鼠标右键，选择“新建文件夹”，如图 2-5-22 所示。根据图 2-5-23 所示，创建一个序列，其中“M”文件夹存放材质球；“SM”文件夹存放“静态网个体”，即三维模型；文件夹下按照 3ds Max 中设置的图层又创建了 7 个子文件夹。“Map”文件夹存放贴图文件。

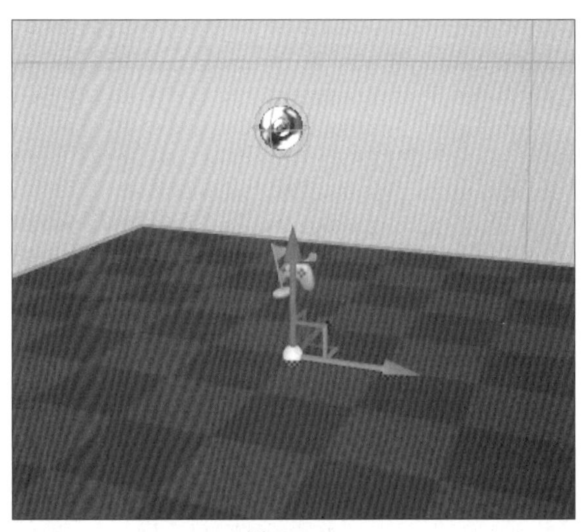

图 2-5-21

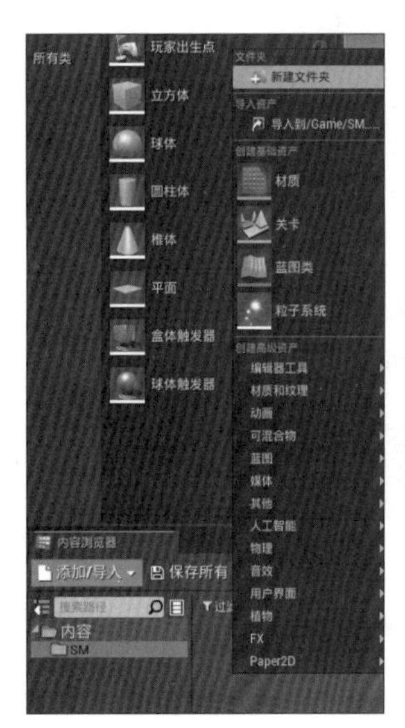

图 2-5-22

图 2-5-23

下面即可将模型导入 UE4 中。

首先，选择“zl”（主楼）文件夹，在右侧空白处单击鼠标右键，选择“导入资产”选项，在弹出的导入对话框下面的路径中选择主楼图层的 FBX 文件。随后弹出“FBX 导入选项”对话框，如图 2-5-24 所示。单击“导入”后，所有主楼图层内的物体在“zl”文件夹中出现。

需要注意的是此时文件夹中既有静态网格模型，又有这些模型的材质球和贴图纹理。将材质球拖曳至“M”文件夹中，如图 2-5-25 所示；将贴图纹理拖曳至“Map”文件夹中。

此时，文件夹中应该只剩下了静态网格模型，使用“Ctrl”+“A“键全选这些网格体，将其拖曳至关卡编辑器操作视口中，如图 2-5-26 所示。在右侧“细节”面板中的“变换”区中，单击“重置为默认”图标，使模型在位置上归零，如图 2-5-27 所示。此后若导入其他模型，都要这样操作，以保证多个模型之间相互位置的正确。

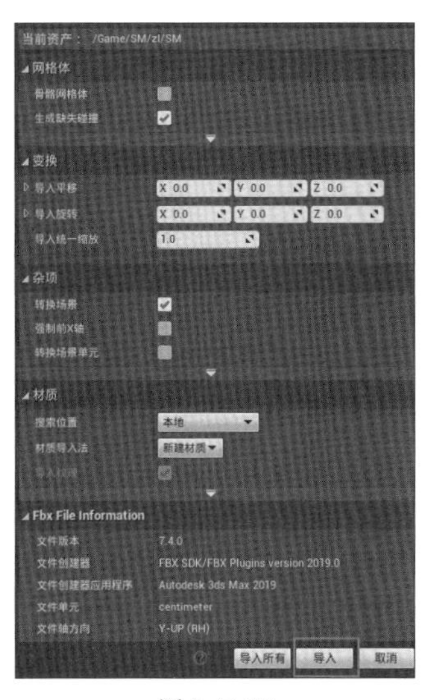

图 2-5-24

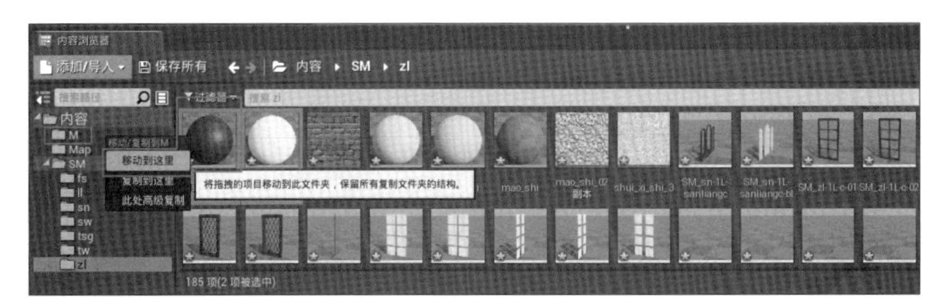

图 2-5-25

图 2-5-26

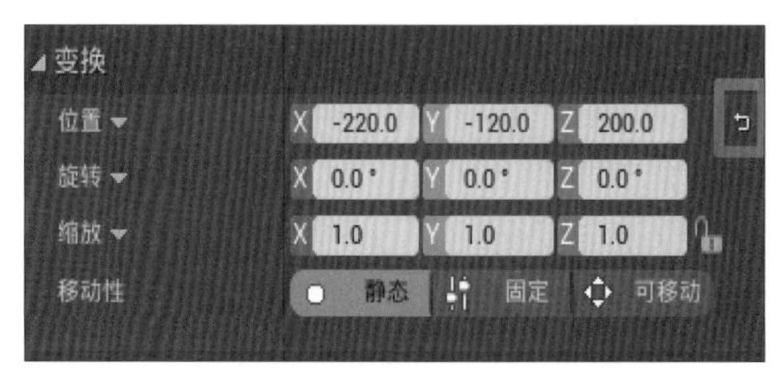

图 2-5-27

在导入其他 FBX 文件的过程中，可能会遇到材质球重复的情况。首先单击“内容浏览器”中的“保存所有”按钮，然后选择重复的材质球，按下“Delete”键，在弹出的“待删除的资产”对话框中单击左下角“替换引用”中的“无”，选择需要替换的材质球后单击“替换引用”按钮即可，如图 2-5-28 所示。如遇到贴图重复的情况，也可以使用相同的方法操作。

全部模型导入 UE4 后的效果，如图 2-5-29 和图 2-5-30 所示。

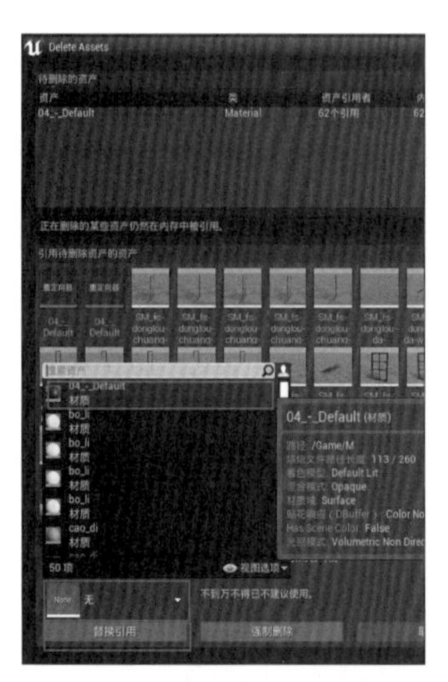

图 2-5-28

图 2-5-29

图 2-5-30

第六节 数字静园在 UE4 中的设置

一、调整材质球

在 3ds Max 程序中制作材质球时，只附加了固有色及纹理贴图。但在 UE4 中，为了形成更为逼真的贴图效果，需要进一步调整材质球，使不同材质呈现出应有的质感和特效。在使用材质贴图时应注意以下两点。第一，尽量选择经过无缝化处理的图片，也就是图片的上下及左右两边的图案可以衔接上，这样可以减少大面积贴图时产生明显的重复纹理现象，提高真实性。第二，贴图的像素数值要求为 2 的倍数，常用的贴图像素有 256×256、512×512、1024×1024 等。贴图像素值越高，最终的效果越好，但占用的系统资源也越大，对用户硬件的要求越高。

（一）外墙材质

外墙材质是贯穿整个数字静园的重要材质，主楼、配楼、围墙的每一个地方都能够看到外墙材质，它也是体现静园西班牙建筑风格的重要组成部分。首先，在内容浏览器的“M”文件夹内找到外墙材质球，双击材质球进入材质编辑器页面，如图 2-6-1 所示。标准材质的基础面板如图 2-6-2 所示，其中“基础颜色”也称为“漫反射颜色”，即材质的固有色。通过这个通道，可以调整物体本身的颜色或给物体附上纹理贴图。“Metallic”是金属通道，可以调整材质的金属属性，使其产生金属光泽。“高光度”通道控制材质的高光强度。“粗糙度”通道控制材质表面的粗糙程度，越光滑越能产生反光，越粗糙则表面越暗哑。“Normal”通道控制物体是否产生视觉起伏效果。每个节点都由负责输入和输出的引脚组成，指令从左侧节点开始向右侧执行，最后通过面板中的通道产生最后的效果。因此，我们可以通过调整左侧节点的各种组合方式及数值来调整材质最后的视觉结果。各种节点的加入可以通过在空白处单击鼠标右键，然后进行输入的方式获得，如图 2-6-3 所示。节点的种类有成千上万种，限于篇幅就不在这里详细介绍了，感兴趣的读者可以通过官方教程的渠道进行学习。

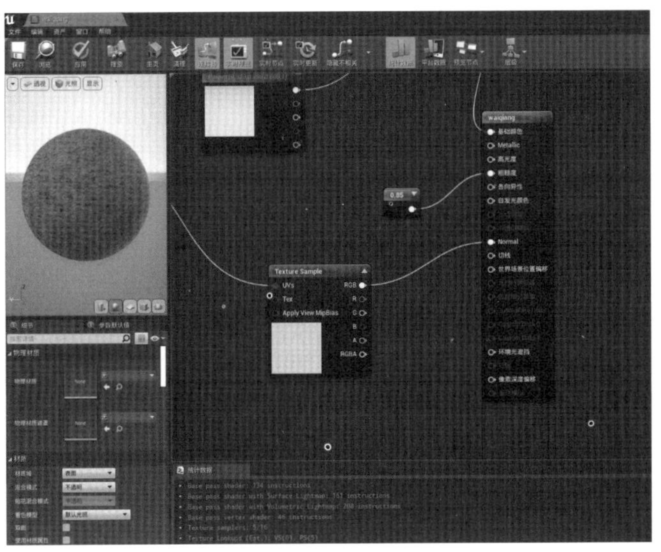

图 2-6-1

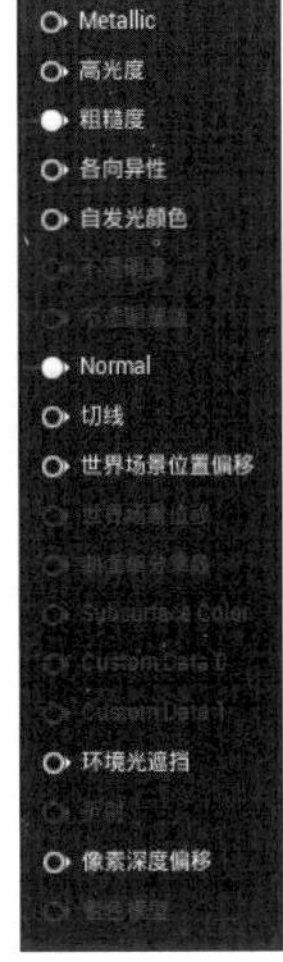

图 2-6-2

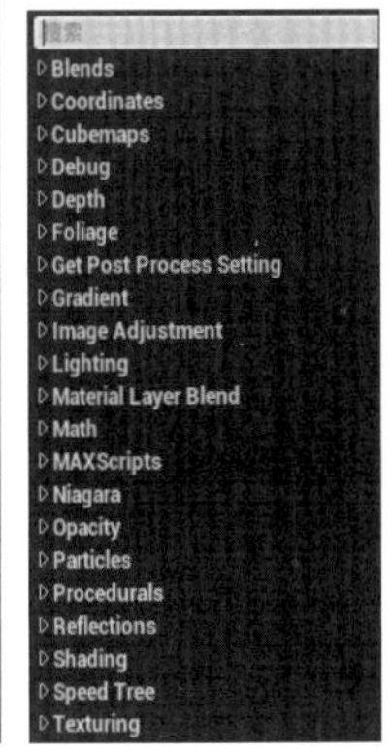

图 2-6-3

此区域中的节点利用三种大小不同的“污迹”为固有色纹理添加变化，减少出现贴图的重复纹理现象，如图 2-6-4 所示。

此区域中的节点用来降低“污迹”效果的对比度，如图 2-6-5 所示。

为防止贴图在使用中产生模纹效果，外墙贴图均采用了经过 Photoshop 软件无缝处理后的现场照片，如图 2-6-6 所示。污迹纹理及明黄颜色进行混合，经过合成后输入给材质的“基础颜色”通道，如图 2-6-7 所示。

此区域通过数值对“粗糙度”通道进行调整，使用白底黑点的纹理贴图调整“Normal”通道，使材质表面看上去发生了凹凸变化，如图 2-6-8 所示。

材质整体设置，如图 2-6-9 所示。

经过调整后，外墙材质在视窗中的表现效果如图 2-6-10 所示。

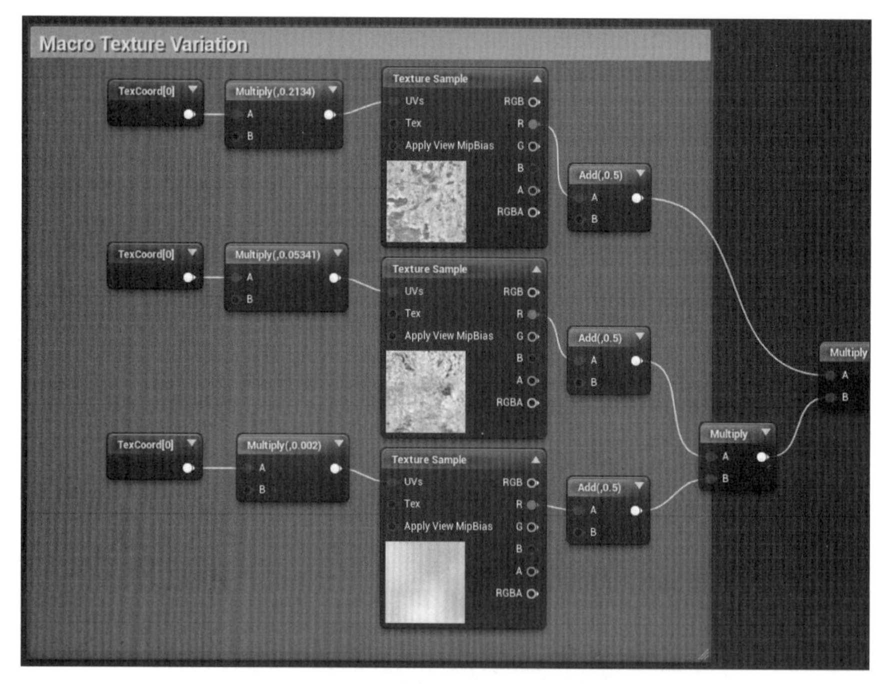

图 2-6-4

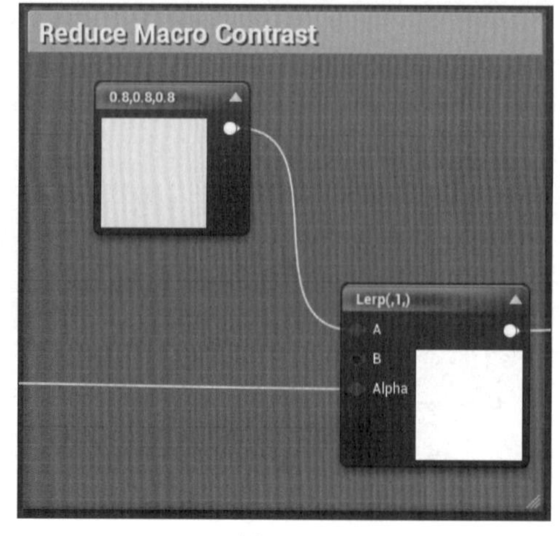

图 2-6-5

图 2-6-6

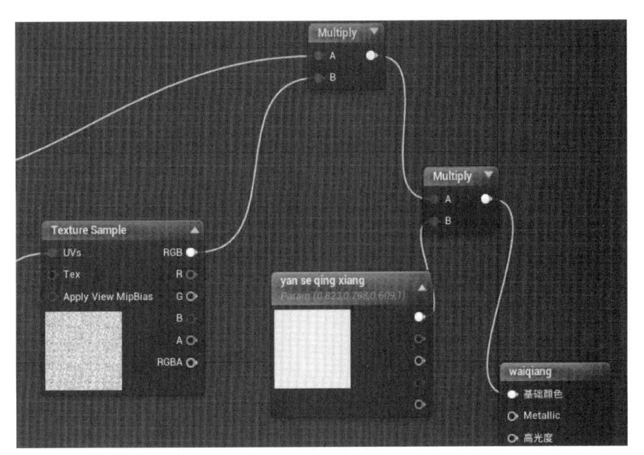

图 2-6-7

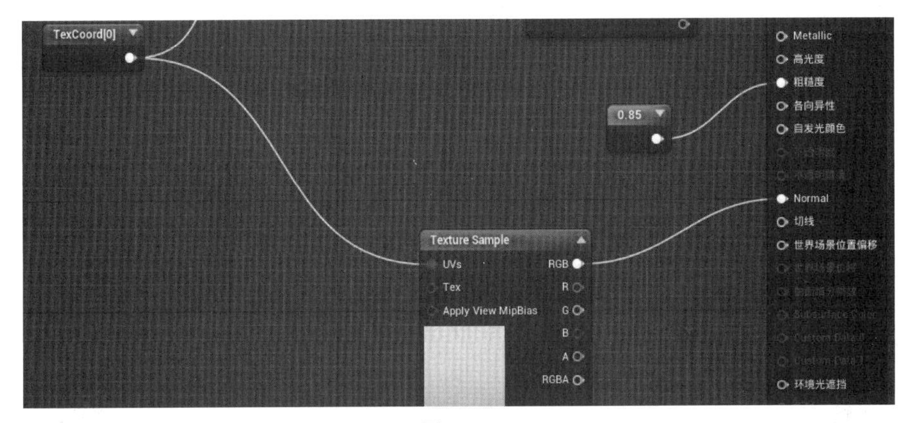

图 2-6-8

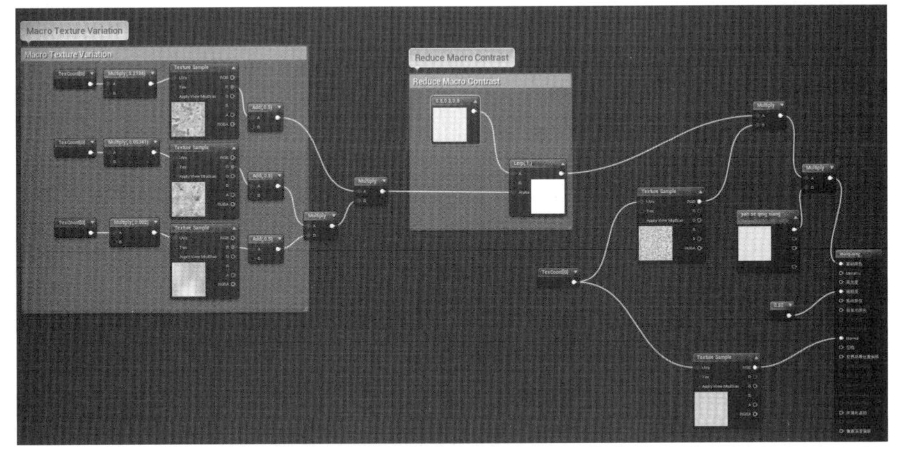

图 2-6-9

图 2-6-10

（二）毛石材质

主楼入口处的台阶和坡道都是由灰白色的大型石块砌筑而成的。毛石由于长年暴露在室外，表面凹凸不平，有的区域经过车轮的摩擦还有较弱的高光和反光。针对这种情况，首先找到毛石纹理的底图，然后使用这张底图来制作相应的“粗糙度”贴图和“法线”贴图。制作后的两张贴图需要使用 Bitmap2Material 软件来进行制作。

首先，找到一张合适的无缝毛石纹理贴图，如图 2-6-11 所示。

打开 Bitmap2Material 软件，界面如图 2-6-12 所示。

将毛石贴图拖曳到软件中“Drop a bitmap here”的位置，并在弹出的菜单中单击“载入‘Main Input’微调整”选项，如图 2-6-13 所示。结果如图 2-6-14 所示。

图 2-6-11

图 2-6-12

图 2-6-13

图 2-6-14

通过右侧的面板调节具体参数时只需要调整“粗糙度”和“法线”贴图即可，如图 2-6-15 所示。

调整合适后，单击菜单栏下的“导出成位图文件”按钮，弹出“导出 Bitmaps”对话框，调整好路径和文件格式，在“全部输出”区域中，勾选粗糙度和法线选项，如图 2-6-16 所示。

导出的粗糙度和法线贴图，如图 2-6-17 和图 2-6-18 所示。

将导出的图片导入 UE4 中的“Map”文件夹内，双击“毛石”材质球，引用毛石原始图片和新生成的两张图片，如图 2-6-19 所示。

经过调整后，毛石材质在视窗中的表现效果如图 2-6-20 所示。

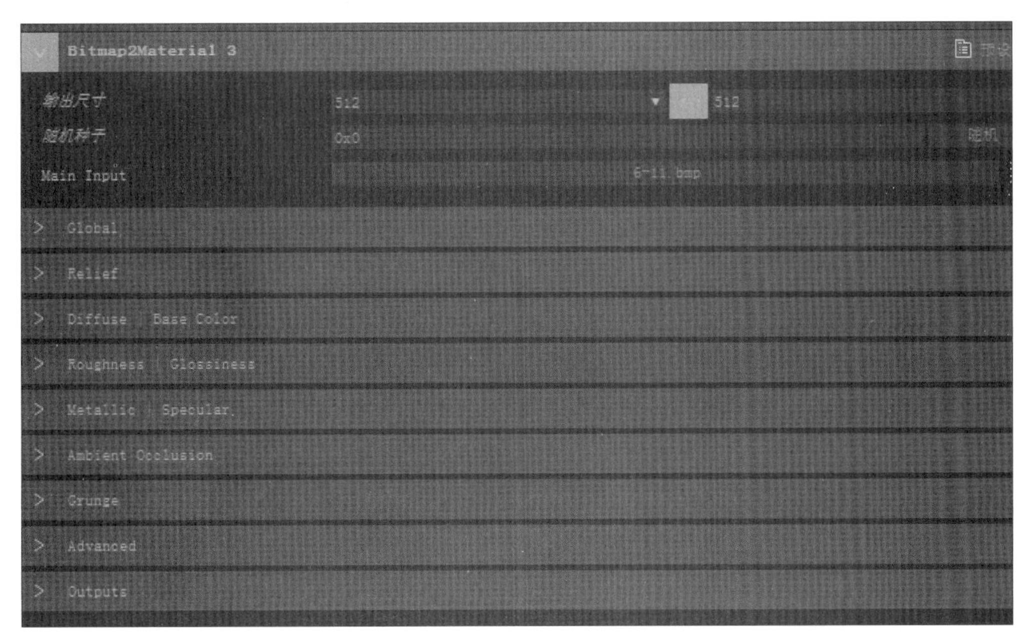

图 2-6-15

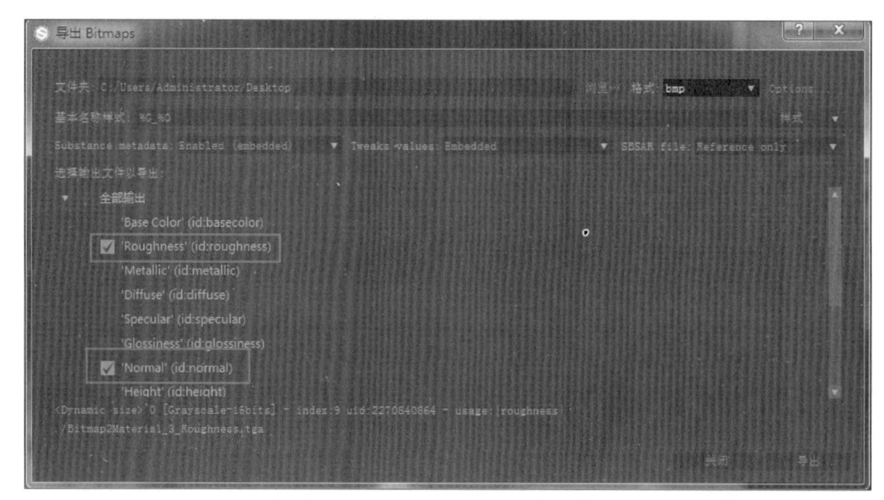

图 2-6-16

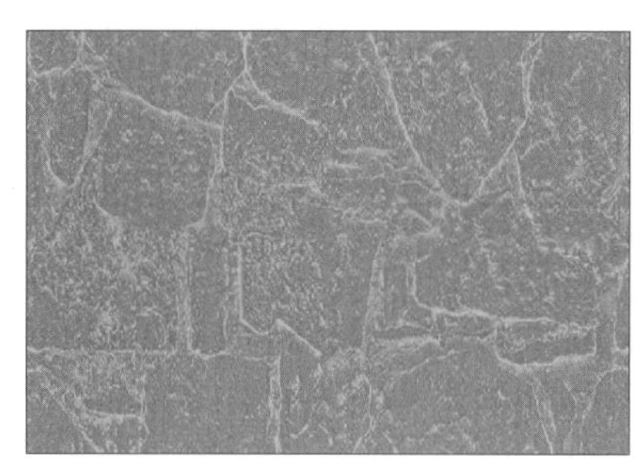

图 2-6-17

图 2-6-18

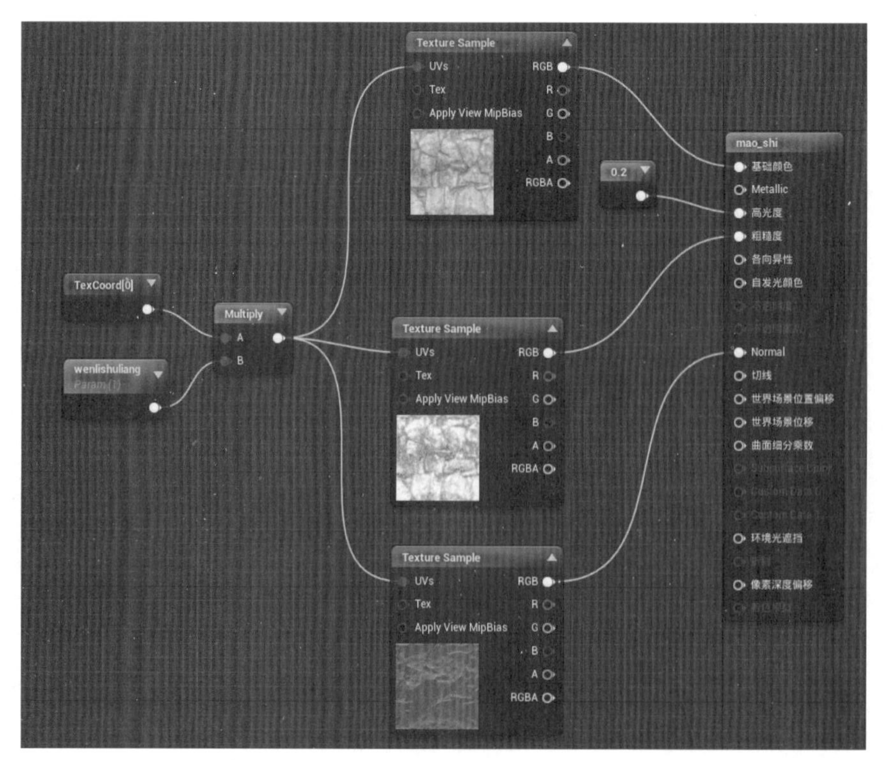

图 2-6-19

图 2-6-20

（三）导入材质

在 UE4 中，除了可以使用自己制作的材质外，还可以导入别人制作的现成材质。例如，在创建新的项目时，可以切换“不含初学者内容包”和“含初学者内容包”选项，如图 2-6-21 所示。

进入程序后，可以在需要的材质球上单击鼠标右键，在弹出的菜单中选择“资产操作”→“迁移”命令，如图 2-6-22 所示。将其保存在自己的项目路径中。数字静园中也使用了一部分“初学者内容包”中的材质。

二、制作碰撞体

在制作虚拟漫游程序时，不能让体验者穿墙而过，所有可视的建筑表面既是可视化的表面效果，又是不可穿越的实体。模型、材质等内容的设置满足了前者的需要，而后者则需要使用到碰撞体设置。碰撞体实际上是一种不可见的几何体，只有相互发生碰撞时才产生作用。其实，在导入 3ds Max 程序时，UE4 已经自动生成了简单的碰撞体。但是光靠自动生成的碰撞体是不够的，例如门、洞等区域需要穿行而过，还有些区域因为制作的原因不想让体验者看到，因此需要创建新的碰撞体（有些游戏中称其为空气墙）把他们阻挡在外。由于体验者本身自带碰撞体，因此就可以在虚拟的程序中与物体的碰撞体产生互动了。

选择关卡编辑器中的物体，如南面的外墙。在“细节”面板中，找到静态网格图标，如图 2-6-23 所示。

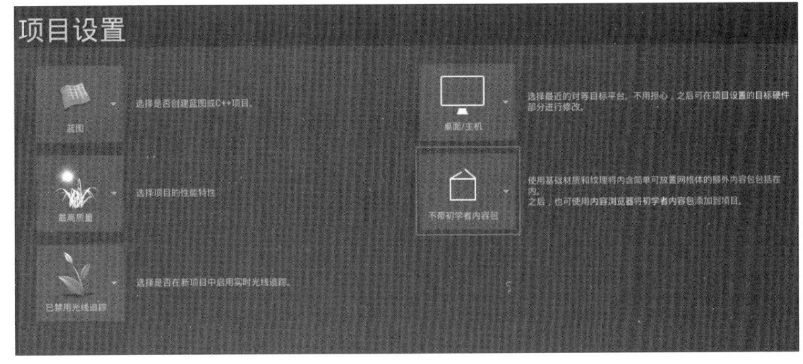

图 2-6-21

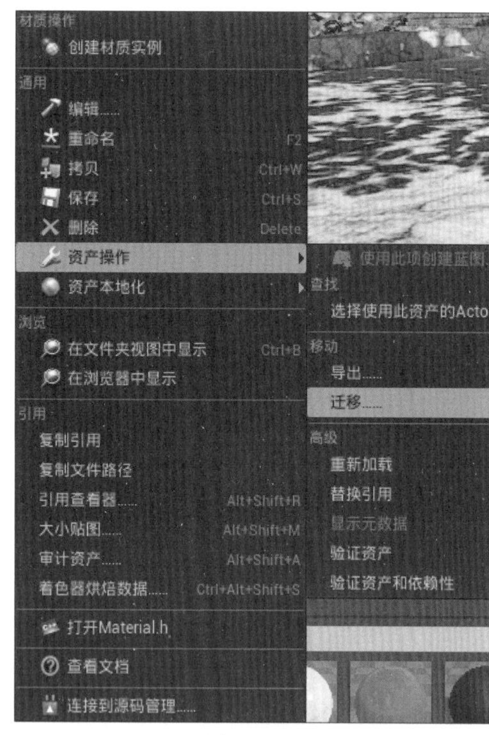

图 2-6-22

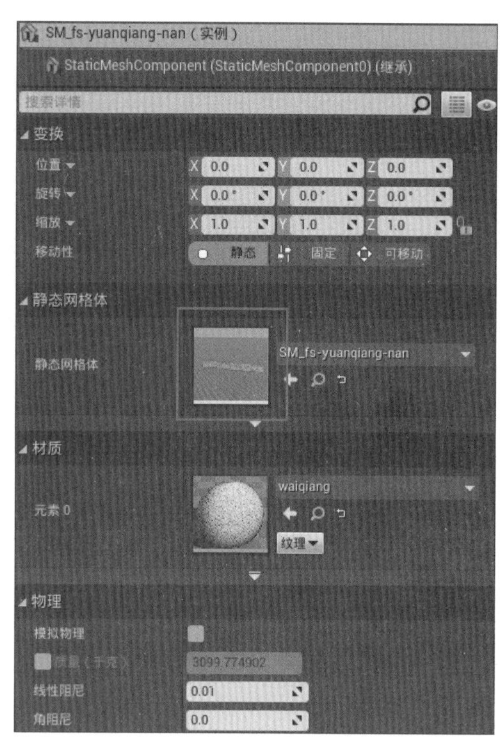

图 2-6-23

双击图标，进入静态网格编辑器，如图 2-6-24 所示。

单击工具栏中的“碰撞”按钮，选择“简单碰撞”，这时模型轮廓显示出绿色边界，即碰撞体。单击绿色边界选择碰撞体，使用右上角的移动、旋转、缩放功能，调整碰撞体的大小。例如，使用缩放命令，沿蓝色轴线对碰撞体进行缩放，就可以加高南侧外墙的碰撞体，如图 2-6-25 所示。

如果需要为物体加入新的碰撞体，可以选择菜单栏中的“碰撞”→“添加盒体简化碰撞”，或其他种类的碰撞体，如图 2-6-26 所示，即可实现通过“空气墙”阻挡体验者的功能。

全部碰撞体调整完成后，单击视口中的“视图模式”按钮，选择“玩家碰撞”，整体效果如图 2-6-27 所示。

图 2-6-24

扫码看彩图

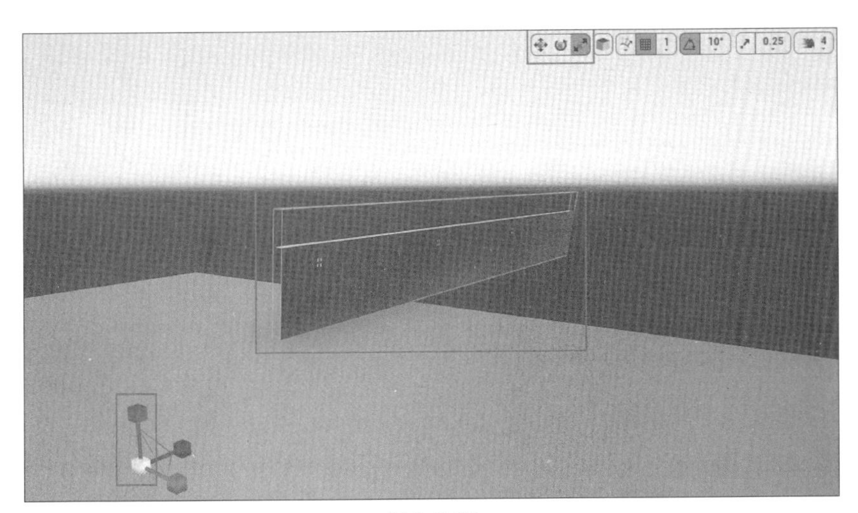

图 2-6-25

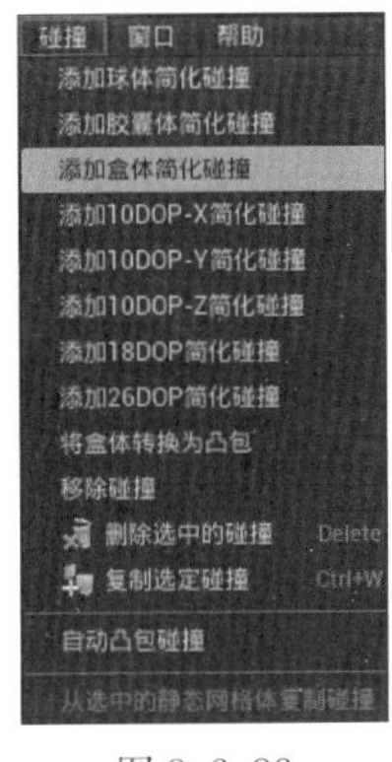

图 2-6-26

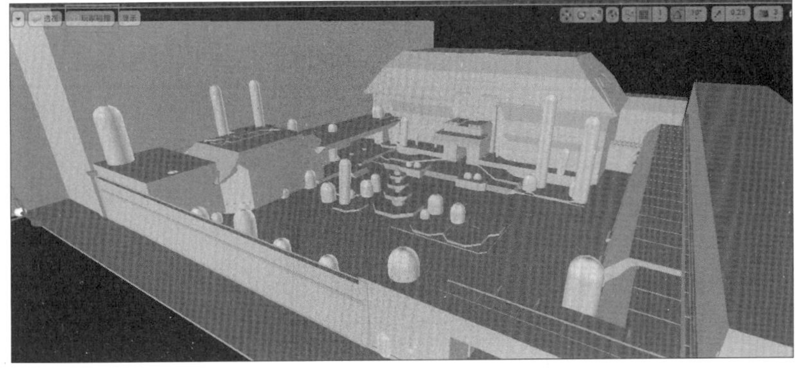

图 2-6-27

三、导入植物

植物景观也是数字静园的重要组成部分，多样的植物不仅能够丰富画面效果，还能够体现静园安逸静谧的氛围。场景中的植物并不需要自己创建，可以直接从 Epic 官方渠道进行下载。打开 Epic 启动器，进入“虚幻商城”页面，选择“免费”类别，然后在右侧的搜索标签中输入“PLANTS”，就会出现非常多的植物资源可供下载，如图 2-6-28 所示。选择任意免费资源并“添加到购物车”，单击“购物车”，出现购物车对话框，如图 2-6-29 所示，而后单击“去支付”（由于是免费资源，无需支付费用）。切换到“库”页面，在下面的“保管库”区域就可以看到自己需要的资源了。

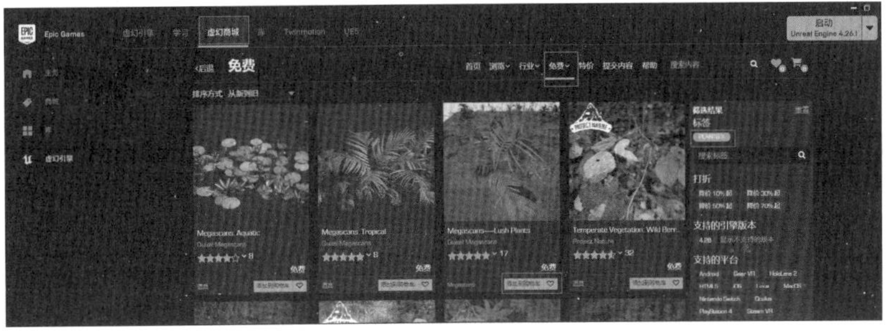

图 2-6-28

图 2-6-29

本次数字静园使用了两种网络资源，一种是“PlantsPack”资源，另一种是“Topical_Forest”资源。两种资源的典型效果如图 2-6-30 至图 2-6-35 所示。

图 2-6-30　图 2-6-31　图 2-6-32

图 2-6-33　图 2-6-34　图 2-6-35

四、光照设置与光照贴图分辨率设置

数字静园的最终效果需要优秀的光照协助完成，因此我们需要对光照进行适当的调整。在 UE4 中，最终的结果需要进行光照贴图的烘焙计算，只有将直接光照和间接光照烘焙好后，才能出现令人满意的光照结果。在视图中找到如图 2-6-36 所示的图标，这是创建项目时默认创建的光照系统，包括阳光、天空光、大气光等。

因为 UE4 程序中有静态、固定和可移动三种不同的光照类型，因此我们需要对光照系统中的光源类型进行设置。选择光照系统后，在右侧的细节面板中单击“SkyLight（继承）”，将光源的移动性选择为静态模式，如图 2-6-37 所示。单击“DirectionalLight（继承）”，将光源的移动性选择为固定模式，如图 2-6-38 所示。单击“SkyAtmosphere（继承）”，将光源的移动性选择为静态模式，如图 2-6-39 所示。

图 2-6-36

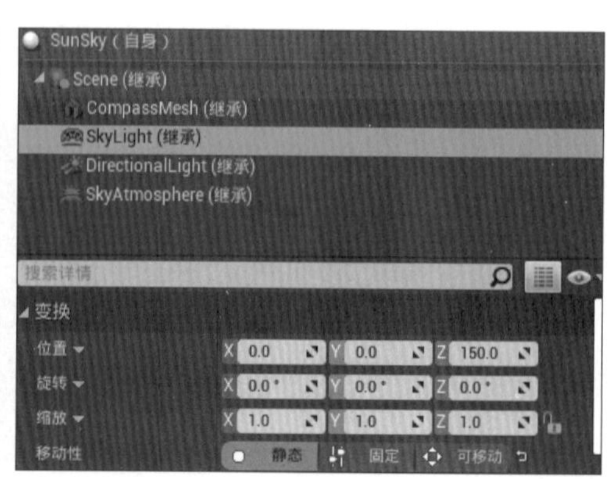

图 2-6-37

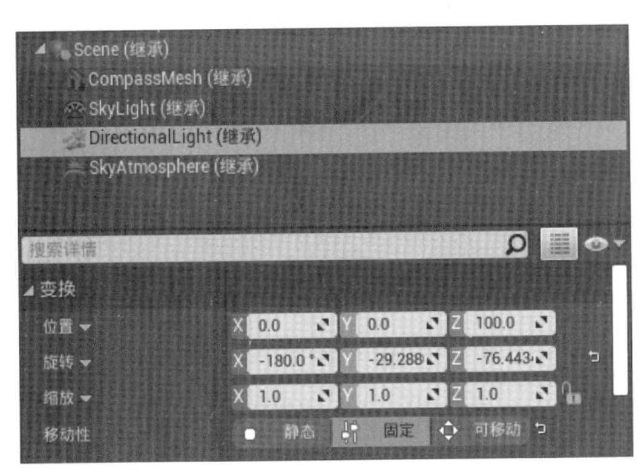

图 2-6-38

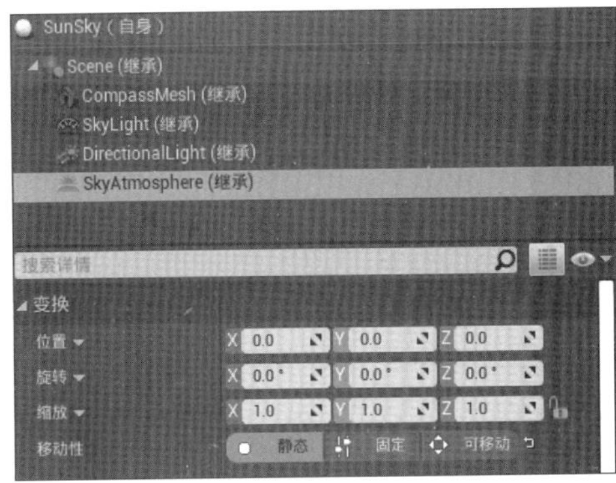

图 2-6-39

旋转光照系统图标，使光照自西南方向向东北方向照射，这样南侧墙边的树丛可以在喷泉周围留下理想的阴影效果，使大面积的园区地面及主楼入口处视觉变化丰富，如图 2-6-40 所示。

光源烘焙后的效果也与每个模型面片的光照细分相关。在视图左上角的“光照”菜单中选择“优化视图模式”→“光照贴图密度”，如图 2-6-41 所示。此时视图转变为光照贴图密度模式，如图 2-6-42 所示。视图中接近绿色的区域是理想的光照贴图密度。偏蓝色代表密度偏低，偏红色代表密度偏高。光照贴图密度也与单个模型的大小相关，体积越大的模型密度越容易偏低，而体积越小的模型密度越容易偏高。选择需要调整的模型，在右侧细节面板中找到“光照”→“覆盖的光照贴图分辨率”，调整后面的参数，如图 2-6-43 所示，争取让每一个模型的显示效果趋近于绿色。这里需要注意的是，光影效果细节丰富的物体，应尽量提高密度以获得相对优秀的结果。

图 2-6-40

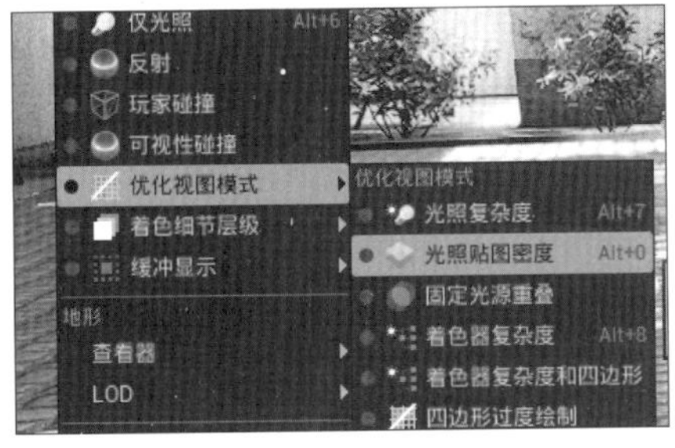

图 2-6-41

图 2-6-42

图 2-6-43

扫码看彩图

第七节　数字静园的烘焙与打包

在为数字静园做最后的打包之前，还要为其构建光照，这样程序才能计算出最终光影传递结果和光影效果。单击关卡编辑器上方的“构建”按钮，程序开始自动构建光影，如图 2-7-1 所示。由于场景内模型众多，材质也较多、较复杂，结合电脑硬件条件，构建光照需要较长的时间。

构建好光照后，就可以做打包处理了，打包后将生成一个不依赖于 UE4，可以单独运行的程序。单击菜单栏中的“文件”→“打包项目”→“Windows（64-bit）”，如图 2-7-2 所示。自动保存一段时间后，会弹出保存路径对话框，设置好保存位置后，显示正在打包，如图 2-7-3 所示。

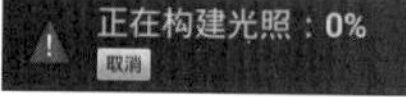

图 2-7-1

图 2-7-2

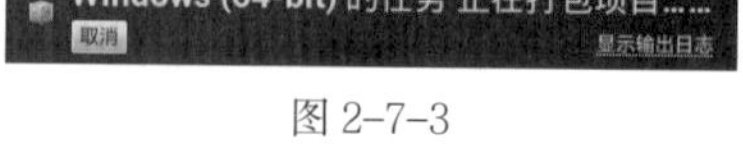

Windows (64-bit) 的任务 正在打包项目......
取消　显示输出日志

图 2-7-3

完成后就得到了一个适用于 Windows 系统的单独程序，如图 2-7-4 所示。

运行带有 UE4 图标的执行程序，经过十几秒的等待后，进入数字静园的世界。使用“W”“A”“S”“D”键控制方向，按住鼠标右键拖动来控制视角。最终效果如图 2-7-5 至图 2-7-11 所示。

Engine	2021/2/28 10:31	文件夹	
jingyuan	2021/2/28 10:31	文件夹	
jingyuan.exe	2021/2/28 10:26	应用程序	186 KB
Manifest_NonUFSFiles_Win64.txt	2021/2/28 10:29	文本文档	3 KB

图 2-7-4

图 2-7-5

图 2-7-6

图 2-7-7

图 2-7-8

图 2-7-9

图 2-7-10

图 2-7-11

第八节　虚拟现实案例鉴赏

一、李纯祠堂

李纯祠堂，也称“津门庄王府”，建于1913—1923年，位于天津市南开区白堤路82号，占地约2.56万 m^2。祠堂前建三进庭院，后辟花园，由照壁、石牌坊、石拱桥、大门、前殿、中殿、后殿、配殿和回廊组成。中殿是主体建筑，建有石狮、石坊、屏壁、华表、长廊、殿宇、戏楼、拱桥等。整座建筑色彩绚丽，碧瓦朱栏，宏伟壮观。大殿为古典形式的砖木结构，殿顶覆以彩色琉璃瓦，重檐斗拱，五脊六兽，顶板描金，方砖铺地，雕梁画栋，看上去金碧辉煌，如图 2-8-1 至图 2-8-5 所示。

图 2-8-1

图 2-8-2

图 2-8-3

图 2-8-4

图 2-8-5

李纯祠堂虚拟现实链接：

https://ar.zhihuishu.com/tjmsxybuilding/index.html?key=01

虚拟现实链接

李纯祠堂虚拟现实操作步骤如下。

（1）单击链接进入页面，如图2-8-6所示。

图 2-8-6

（2）进入设置面板，如图2-8-7所示。

图 2-8-7

（3）在“鼠标手势”面板中关闭“启动鼠标手势”，如图2-8-8所示。

（4）设置完成后，返回到虚拟现实页面，即可使用“W”“A”“S”“D”键控制方向，按住鼠标右键可拖动控制视角。

图 2-8-8

二、原英国俱乐部

原英国俱乐部建于 1904 年，位于天津市和平区解放北路 201 号，占地面积约 7300m^2，建筑面积约 3000m^2。俱乐部为地上二层建筑，并设有地下室。建筑外部红砖砌筑，屋顶材料为棕红色的铁皮，大楼正面立有 10 余根细长的爱奥尼克柱式，强调了竖向构图。俱乐部内部有网球厅、台球厅、舞厅、酒吧、餐厅、浴室等设施，配置豪华，如图 2-8-9 至图 2-8-11 所示。

原英国俱乐部虚拟现实链接：

https://ar.zhihuishu.com/tjmsxybuilding/index.html?key=02

原英国俱乐部虚拟现实操作步骤参照李纯祠堂虚拟现实操作步骤。

虚拟现实链接

图 2-8-9

图 2-8-10

图 2-8-11